숲의 인문학을 위한
나무문답

숲의 인문학을 위한
나무문답

펴낸날 2023년 8월 25일 초판 1쇄
지은이 황경택
만들어 펴낸이 정우진 강진영 김지영
꾸민이 Moon&Park(dacida@hanmail.net)
펴낸곳 (04091) 서울 마포구 토정로 222 한국출판콘텐츠센터 420호 도서출판 황소걸음
편집부 (02) 3272-8863
영업부 (02) 3272-8865
팩 스 (02) 717-7725
이메일 bullsbook@hanmail.net / bullsbook@naver.com
등 록 제22-243호(2000년 9월 18일)
ISBN 979-11-86821-88-6 (03480)

황소걸음
Slow&Steady

© 황경택, 2023

우리가 몰랐던
나무 이야기 100가지

황경택 글과 사진

숲의 인문학을 위한
나무문답

황소걸음
Slow & Steady

숲 해설을 할 때 왜 풀이나 곤충, 새보다 나무 이야기를 그렇게 많이 하느냐는 질문을 받는다. 숲 해설가가 주로 나무 이야기를 하는 이유가 있다. 첫째, 종류가 많지 않기 때문이다. 우리나라에 사는 곤충은 2만 종 가까이 되고, 식물은 4000여 종이다. 그중 나무는 600종 남짓이라 공부하기 쉽다. 둘째, 나무는 항상 그 자리에 있기 때문이다. 같은 장소에서 수업할 경우, 늘 그 자리에 있는 나무에 관한 내용을 계속 활용할 수 있다.

이런 현실적인 이유도 있지만, 숲 해설가가 나무 해설을 주로 하는 진짜 이유는 따로 있다. 나무가 인간의 삶에 깊숙이 들어왔기 때문이다. 나무는 지구상에서 가장 크고 가장 오래 사는 생명체다. 인간은 엄청난 크기에 죽은 듯하다가 이듬해 새싹을 틔우며 되살아나는 나무를 오랜 세월 주목하고 경외했다. 그보다 인간의 삶과 밀접한 까닭은 일상생활에 나무를 많이 활용했기 때문이다. 나무는 단단하고 탄성이 있어서 집을 짓거나 일상생활에 필요한 여러 도구로 만들어 쓰기 좋다. 1907년 리오 베이클랜드(Leo Baekeland)가 상업용 플라스틱을 처음 개발하기까지 인간은 일상

생활에 필요한 물건을 대부분 나무로 만들어 썼다.

　요즘 인간과 관련한 근원적인 문제나 사상, 문화 등을 연구하는 인문학이 유행이다. 숲 해설도 마찬가지다. 그런데 '숲의 인문학' '인문학적 숲 해설'이란 제목으로 하는 강의는 역사나 신화, 예술 작품, 철학에 등장하는 자연 이야기가 대부분이다. 과연 이를 숲의 인문학이라고 할 수 있을까? 우리가 인문학을 배워야 하는 이유는 신화에 등장하는 나무 이름 몇 개 외워서 아는 체하는 데 있지 않다. 김홍도 그림에 등장하는 나무가 무엇인지 이야기하자는 게 아니다. 어떻게 해야 우리 인간이 즐겁고 행복하게 살수 있나 하는 물음에 답을 찾는 데 있다. 그러려면 '통찰력'을 갖춰야 한다. 우리는 삶의 통찰력을 갖추고자 인문학을 공부한다.

　그럼 숲의 인문학은 무엇인가? 숲속에서 살펴보니 생물들이 이렇게 저렇게 서로 기대 살아가더라, 그들도 나름 참으로 지혜롭고 치열하게 살아가더라, 그들에게도 배울 점이 많더라… 이런 이야기를 하는 것이 숲의 인문학이다. 이때 최고 방해꾼은 잘못된 정보다.

열매가 수라상에 올라 '상수라'라 하다가 '상수리'가 됐고, 그래서 '상수리나무'라 한다는 말이 교과서에도 실렸다. 역사책 어디에 실렸는지 정확히 찾아내서 밝히지 않는 한, 그런 말은 하면 안 된다. 상수리나무는 원래 '상수(橡樹)', 그 도토리는 '상실(橡實)'이고 흔히 '상시리'라 부른다. 이 이름에서 상수리가 나왔을 가능성이 크다. 나도 모르는 새 틀린 정보를 전달할 위험이 있어, 끊임없이 공부하고 새로운 정보를 찾아내려고 한다. 새로운 정보가 나왔는데 과거 정보로 강의하거나 책을 쓰면 안 된다.

이 책에서는 그런 잘못된 정보를 밝혀내고자 했다. 아이들이 던지는 질문에 대답하는 내용도 실었다. 전문가도 아이들의 기발한 질문에 말문이 막히는 경우가 많다. "소나무는 잎이 바늘처럼 뾰족해서 바늘잎나무(침엽수)라고 해"라고 설명하면, 아이들은 대뜸 "왜 뾰족해요?"라고 묻는다. 이런 질문에 답할 수 있어야 한다. 아이들에게 설명할 수 있어야 한다.

"모란은 향기가 없다"고 하지 말고 나가서 모란 향기를 맡아보자. 맡아보지도 않고 있다, 없다 논란을 만들어선 안 된다. 자연을 책으로만 보지 말고 직접 관찰하고 기록하고, 사계절을 자연과 함께 보내면 좋겠다. 주변에 있는 나무를 찬찬히 살펴보는 데서 시작하면 좋겠다.

2023년 여름
황경택

나무의 생태에 대한 질문

나무 각 기관에 대한 질문

줄기 이야기

기타

다양한 나무에 대한 질문

나무와
숲에 대한
질문

001

지구의 산소는 대부분 나무가 만들까?

지구에 있는 산소 50% 이상은 바다에 사는 남세균과 규조류 같은 식물성플랑크톤, 김과 미역 같은 조류(藻類)가 광합성을 해서 만든다. 그 나머지를 육지의 숲이 만든다.

아마존 열대우림이 지구의 허파라며 산소의 80%를 생산한다고 주장하는 이도 있지만, 실제로 20% 정도라고 한다. 지구에 있는 산소 가운데 1/5이니 적잖은 양이긴 하다. 열대우림을 보호해야 하는 이유는 단순히 산소의 양 때문이 아니라, 그 안에 사는 수많은 동식물 중 누군가 사라지거나 그들 간의 연결 고리가 끊어질 염려가 있어서다.

산소는 열대우림이 아닌 숲에서도 많이 만든다. 한 개체로 비교하면 비할 바 아니지만, 풀도 워낙 개체 수가 많으니 산소를 꽤 만든다.

그렇다면 나무 한 그루가 만드는 산소는 얼마나 될까? 나무 종류와 나이에 따라 다르지만, 산림청 조사 결과를 보면 나무 한 그루가 만드는 산소는 대략 어른 네 명이 하루 동안 숨 쉴 수 있는 양이라고 한다. 큰 느티나무 한 그루가 하루에 여덟 시간 광합성을 한다는 조건으로 계산해보면 연간 이산화탄소 2.5t을 흡수하고, 산소 1.8t을 만든다. 산소 1.8t은 어른 일곱 명에게 1년간 필요한 양이라고 한다.

나무는 산소를 만드는 일 말고도 여러 가지 역할을 한다. 산림청 국립산림과학원이 발표한 자료에 따르면, 산림의 공익 평가액은 약 126조 원이다. 국민 1인당 250만 원에 이르는 혜택을 받는 셈이다.

어떤 숲이 건강한 숲일까?

건강한 숲이라 할 때, 건강하다는 말은 아무래도 '생태적으로 건강하다'는 뜻일 것이다. 그러니 건강한 숲은 건강한 나무로 이뤄진 숲이 아니라, 나무와 풀과 동물의 다양성이 공존하는 숲이다.

다양성의 시작은 다양한 수종이다. 얼핏 보기에도 생김새가 다른 나무가 많은 게 좋다. 그래야 다양한 곤충이 살고, 다양한 새가 오기 때문이다. 나이 많고 큰 나무가 많다고 좋은 숲은 아니다. 미래를 책임질 어린나무도 많아야 한다. 죽은 나무도 있어야 한다. 죽은 나무와 연결돼 살아가는 생명이 많기 때문이다. 이렇게 다양한 생명이 어울려 살아가고, 그 리듬이 오래 계속되는 곳이 건강한 숲이다.

사람과 나무는 '숨'을 공유할까?

사람의 날숨이 나무의 들숨이고, 나무의 날숨이 사람의 들숨이라는 말이 있다. 달리 말해 사람이 내쉬는 이산화탄소는 나무가 들이마시고, 나무가 내쉬는 산소는 사람이 들이마신다는 뜻이다.

정말 그럴까? 아니다. 나무도 사람과 똑같이 산소를 들이마시고 이산화탄소를 내쉰다. 다만 나무는 우리와 달리 한 가지 작용을 더 한다. 바로 탄소동화작용(광합성)이다. 광합성은 엽록체에서 빛 에너지와 이산화탄소, 물을 이용해 유기물인 포도당을 합성하는 과정이며, 화학식으로 표현하면 다음과 같다.

$$6CO_2 + 12H_2O \rightarrow C_6H_{12}O_6 + 6H_2O + 6O_2$$

세상에서 가장 아름다운 화학식이다. 에너지의 근원인 빛 에너지가 생물체에 유입되는 첫 과정으로, 이때 만든 에너지와 산소로 수많은 동물이 살아가고 지구 생태계를 구성하기 때문이다.

나무는 광합성을 하는 과정에 이산화탄소를 흡수하고 산소를 배출한다. 이 산소를 우리가 들이마신다. 즉 사람과 나무는 숨을 공유하는 게 아니라, 광합성을 공유한다. 우리가 숨을 들이쉴 때 대기 중에 있는 산소 21%를 모두 흡수하지 않는다. 내쉴 때 산소 16%가 다시 나온다. 그래서 인공호흡도 가능하다.

숲에 가면 왜 건강해질까?

미국의 환경 생리학자 로저 울리치(Roger Ulrich)는 펜실베이니아 주에 있는 한 병원에서 담낭 제거 수술을 받은 환자들을 1972년 부터 1981년까지 10년 동안 관찰했다. 그리고 1984년 《사이언스 (Science)》에 흥미로운 논문을 발표했다. '창밖으로 숲이나 정원이 보이는 병실의 환자군과 벽면이나 담만 보이는 병실의 환자군이

회복 기간에 차이가 있었다'는 게 논문의 요지다. 병실 창으로 자연 풍경이 보이는 환자군이 후자보다 진통제 투여량이나 부작용 등이 적었고, 입원 기간도 짧았다는 내용이다. 숲의 공간 치유 능력을 과학적 근거에 따라 처음 밝힌 것이다.

우리는 삼림욕을 하면 피톤치드 덕분에 건강해진다고 한다. 왜 그럴까? 숲은 어떻게 우리를 건강하게 만들까?

피톤치드(phytoncide)는 식물이 자신을 괴롭히는 해충이나 박테리아, 곰팡이 등을 물리치기 위해 만드는 휘발성 유기화합물이다.

phyton(식물)과 cide(죽이다)의 합성어로, 1937년 러시아 생화학자 보리스 토킨(Boris P. Tokin)이 처음 사용한 말이다.

인간의 몸에서 제일 중요한 기관은 뇌라고 할 수 있다. 뇌세포가 정상적으로 활동하기 위해서는 산소가 필요하다. 뇌는 체중의 2.4%에 불과하지만, 사용하는 산소량은 25%를 차지한다. 대기 중에는 산소가 21%가 존재한다고 한다. 하지만 우리가 생활하는 도심 속 실내 공간은 산소 농도가 그보다 낮다. 한국과학기술원이 실험한 바에 따르면, 아파트 침실에서 창문을 닫고 잘 때 산소 농도가 20.4%에서 세 시간 뒤 20%, 일곱 시간 뒤 19.6%로 떨어졌다고 한다. 반대로 이산화탄소의 농도는 높아진다. 큰 차이가 아닌 듯해도 이산화탄소 농도가 높아지면 맥박과 호흡이 빨라지고, 뇌 활동에 문제가 생기기 시작한다. 산소 농도 18% 이하는 고용노동부의 이산화탄소 질식 재해 예방 안전 작업 매뉴얼에서 정의하는 '산소 결핍' 상태다.

현대인은 하루 중 95% 이상을 실내에서 생활한다고 한다. 그만큼 산소 농도가 낮은 곳에서 오래 생활하는 것이다. 숲에 들어가면 산소 농도가 21% 이상이고, 우리는 신선한 공기라고 느낀다.

녹색이 눈의 피로도를 낮춘다고 한다. 왜 그럴까? 숲속은 먼지와 소음이 적다. 그것이 왜 우리 정신 건강에 좋을까? 많은 나무를 보고, 다양한 생명체를 만나는 것. 자연에서 만나는 다양한 생명체가 우리를 건강하게 해준다는데, 그 까닭이 뭘까?

인간은 오랜 세월 숲에서 살아왔다. 현생인류인 호모사피엔스가 출현한 시기를 30만 년 전으로 본다면, 인간의 역사 중 99%가 넘는 기간을 숲에서 살았다. 인간이 숲이고 자연이다. 그러니 당연한 결과 아닐까? 《통섭 : 지식의 대통합》을 쓴 에드워드 윌슨(Edward Wilson) 교수는 인간이 자연을 그리워하고 자연 속에서 살아가고 싶은 본질적인 감정이 녹색 갈증(biophilia)이라고 정의했다. 즉 인간은 자연으로 회귀하고자 하는 본능이 있어 자연을 떠나서는 살 수 없다고 말한다.

우리가 자연을 찾는 이유는 건강하고 행복하게 살기 위함이다. 후세를 위해 자연을 보존하고, 자연과 함께하는 방법을 전해야 한다.

나무가 없다면 어떻게 될까?

이 세상에서 사람이 없어지면 나무는 어떻게 될까? 아무 일도 생기지 않는다. 아니 오히려 나무는 더 건강해질 것이다. 반대로 나무가 없어지면 우리는 어떻게 될까? 인류는 멸망할지도 모른다. 먼저 산소가 급격히 줄어 많은 동물, 특히 인간이 호흡하기 힘들어질 것이다. 바다에서 절반이 넘는 산소를 만든다 해도 나머지는 육지의 숲, 그중에 나무가 만든다.

종이를 만들기도 어렵다. 종이 대신 다시 양피지를 쓰거나, 천이나 점토판에 글을 써야 할지도 모른다. 종이가 없으면 종이로 하는 많은 일을 할 수 없다. 물건을 사고 영수증도 못 받고, 연애할 때 편지도 못 쓴다. 잘 부러지지 않고 가벼운 괭이자루나 나무를 사용해온 일상용품이 훨씬 비싸질 것이다. 그 외에도 많은 불편과 어려움이 닥친다.

우리가 정말 걱정해야 할 것은 생태계 파괴다. 나무가 없으면 꽃이 적어져서 벌이 살기 어렵다. 벌이 줄면 꽃가루받이(수분)를 잘 못 한다. 열매로 만드는 음식은 거의 먹지 못한다. 하긴 나무가 없으니 열매도 먹기 어렵다.

나무에 기대 사는 수많은 동물이 살기 어렵다. 참나무 한 그루를 1년 동안 조사한 결과, 100종이 넘는 동물이 신세 지며 살아간다. 이스터섬이 멸망한 원인이 나무가 사라졌기 때문이라고 한다.

나무 한 그루가 작은 생태계라고 할 수 있다. 매일 보는 나무지만, 나무가 사라진 세상은 생각하기 어렵다.

006

나무 한 그루로 만드는 종이는
얼마나 될까?

정치인들의 국정감사를 TV로 보면 "짜장면 값이 얼마인 줄 아느
냐?" 묻곤 한다. 짜장면 종류와 동네마다 짜장면 값이 다르듯이,
나무 한 그루로 만드는 종이도 나무의 크기와 종류에 따라 다를
것이다. 다만 짜장면 값에 대한 질문이 서민의 삶에 얼마나 관심

이 있는지 대략적인 값을 말해보라는 질문이듯이, 나무 한 그루로 만드는 종이도 대략적으로 말할 수 있다.

굵기가 한 아름 되는 지름 50cm 참나무로 치면 A4 용지가 2만 장가량, 수령 30년 된 나무는 약 1만 장 나온다. 벌목한 나무는 반 이상이 종이를 만드는 데 쓰인다. 이때 생산된 종이는 골판지를 포함한 포장재가 60%로 제일 많고, 책을 만드는 데 24% 정도 사용된다고 한다.

종이를 만들 때는 화학약품이 들어가고, 물도 많이 쓴다. 종이 만드는 과정에서 탄소가 많이 배출되고, 표백할 때는 독성 물질도 사용한다. 종이를 많이 사용하면 많이 만들게 되고, 많이 만들다 보면 나무를 많이 베어야 하니 지구 환경에 미치는 영향이 크다. 일상에서 종이를 안 쓸 순 없으니 아껴 써야겠다.

과거 종이를 구하기 어려운 시절이 있었다. 종이는 당연히 비싸고, 책값도 비쌌다. 인쇄술이 발달하고 나무를 이용해 종이를 만들기 시작하면서 대량생산 하다 보니 종이도, 책도 싸다. 책값이 싸니 서민도 책을 사서 보고 지식과 교양이 퍼졌다. 지식 전달은 말로도 가능하지만, 한계가 있다.

문자를 만들면서 머릿속 생각을 몸 밖에도 둘 수 있게 됐다고 표현한다. 현대인의 역사 인식이나 철학적 사고력 향상을 책에서 찾을 수도 있다. 지식의 저장과 전달을 가능하게 해준 나무에 다시 한번 감사하자.

007

나무 이름은 누가 지었을까?

느티나무, 뽕나무 등 우리가 부르는 나무 이름을 누가 지었는지는 알 수 없다. 다만 외국에서 도입한 나무에 우리말로 이름을 붙일 때는 지은 사람이 있을 것이다. 나무 이름도 나라마다 다르다. 그래서 헷갈리는 것을 막기 위해 지구상에 있는 같은 나무는 같은 이름으로 표기하자고 한 것이 '학명'이다. 학명은 국제적으로 같다. 그 외 나라에서 부르는 국명이나 지역마다 부르는 지방명 등은 저마다 다르다.

학명은 누가 만들었을까? 식물의 학명을 정해서 공통적으로 사용하기로 한 것은 스웨덴의 식물학자 칼 폰 린네(Carl von Linné, 1707~1778)다. 불과 300년도 안 된 일이다. 학명은 라틴어로 표기하는데, 라틴어는 요즘 일상용어로 사용하지 않는 언어라 변하지 않기 때문이다. 학명은 주로 모양이나 색깔 등 겉모습에 따라 붙인 게 많지만, 쓰임새나 지역 등 다양한 이유로 종명, 종소명, 명명자가 붙는다. 이는 어디까지나 전문가나 식물을 깊이 공부하고자 하는 사람에게 필요한 부분이다.

일반적으로 학명은 잘 몰라도 된다. 그 나라에서 부르는 국명으로 식물 이름을 알면 충분하다. 국명 역시 몰라도 된다. 맘에 드는 나무가 있다면 그냥 내가 이름을 지어도 좋다. 그것이 어쩌면 나무랑 더 친해지는 길인지 모른다.

008

이 세상에 나무는 몇 종류나 있을까?

정확히 알 수 없다. 지구상에 있는 모든 나무를 조사했다는 보고
서가 없거니와, 인간이 지구상의 나무를 모두 조사할 수도 없다.
한정된 지역에서 한정된 기간에 조사해 통계를 낸 다음 학명으로
등록한 것이 있을 뿐이다.

먼저 나라별로 나무를 조사하고 분류한 자료를 취합해서 겹치
는 것을 빼고 겹치지 않는 것만 세어야 하는데, 그 작업이 만만치
않다. 그래서 대략적인 숫자로 말할 수밖에 없다.

식물의 종류부터 알아보자. 현재 지구상에는 식물이 35만여 종

있다. 조류(藻類) 3만여 종, 선태식물(蘚苔植物) 2만 2500여 종, 양치식물(羊齒植物) 1만 500여 종, 겉씨식물과 속씨식물이 각 800여 종과 25만여 종이다. 겉씨식물은 대부분 바늘잎나무이므로 나무, 속씨식물은 풀과 나무가 함께 속한다.

풀과 나무를 3:1로 보면 얼추 나무의 종수도 유추할 수 있다. 최근 로베르토 가티(Roberto Cazzolla Gatti)와 그의 동료들이 발표한 바에 따르면, 나무는 7만 3200여 종이고 남아메리카 열대우림에 43%가 산다고 한다. 우리나라에 자생하는 나무는 600여 종이다. 식물 공부는 3000종이 넘는 풀보다 나무부터 시작하는 게 유리하다. 크고, 늘 그 자리에 있고, 종류도 적으니 말이다.

009

우리나라에서 가장 많은 나무는 무엇일까?

전 세계적으로 제일 많은 나무가 무엇일까? 기록을 아무리 봐도 나오지 않는다. 추측건대 현재 지구인이 가장 많이 마시는 커피, 녹차, 카카오 등 3대 음료에 답이 있지 않을까? 커피나무, 차나무, 카카오나무가 지구에 엄청 많을 테니 말이다.

대나무를 풀로 분류하지 않고 나무로 본다면 개체 수가 만만찮다. 하지만 대나무는 그 지역에 있는 대나무 군락을 한 뿌리로 연결된 개체로 보기 때문에 개체 수가 적다.

사람이 심지 않고 야생에서 가장 많은 나무는 무엇일까? 역시 조사되지 않았다. 예상컨대 열대우림에 존재하는 티크, 나왕 등 우리가 많이 베어 사용하는 나무 종류가 아닐까 싶다.

우리나라로 한정하면 가장 많은 나무는 무엇일까? 우리나라에 나무가 약 80억 그루 있다고 한다. 그동안 소나무 개체 수가 가장 많았지만, 2014년 산림청이 발표한 바에 따르면 신갈나무가 그 자리를 차지했다.

신갈나무는 어떻게 소나무의 위상을 꺾고 우점종이 됐을까? 소나무와 신갈나무의 살아가는 방식이 이런 결과를 만들었다. 소나무는 반드시 햇빛을 받아야 하는 양지나무(양수陽樹)다. 신갈나무는 그늘에서도 잘 견디고 자라는 음지나무(음수陰樹) 성향이 있다. 같은 장소에 두 나무가 있으면 햇빛이 안 비칠 때도 잘 자라는 신갈나무의 생장이 우세하다. 신갈나무가 수관을 덮으면 소나무는 더 자라기 어렵고, 자칫 죽을 수도 있다. 이 때문에 우리나라 숲에는 신갈나무를 비롯한 참나무가 제일 많다.

그렇다고 슬퍼하지 않아도 된다. 한편으로 숲이 더 건강해졌다고 할 수 있기 때문이다.

작은 나무가 숲을 살린다?

작은 나무가 숲을 살린다고? 어떻게 숲을 살릴까? 크고 멋진 나무가 곤충을 많이 불러 모으고 열매도 많이 만들어서 건강한 숲을 이루지 않을까?

작은 나무를 떨기나무(관목)라고 하며, 숲이 본격적으로 시작되는 지점에 자라는 국수나무가 대표적이다. 떨기나무는 숲의 여백을 빽빽이 메워, 산불이 나도 쉽게 번지지 않도록 막아준다. 언뜻 생각하면 불에 잘 탈 것 같지만, 떨기나무가 공간을 메우니 바람이 통하지 않아 산소를 원활히 공급하지 못하고 생나무라 불이 잘 붙지도 않는다.

최근 강원 지역 산불로 넓은 면적이 불타고, 재산 피해가 막심하고, 이재민도 생겼는데, 그 원인을 소나무 단순림에서 찾고 있다. 소나무는 기름 성분이 많아, 화염 유지 시간이 넓은잎나무(활엽수)보다 2.5배나 길다고 한다. 그러다 보니 한번 불이 붙으면 잘 꺼지지 않는다. 소나무 숲 바닥에 다른 나무는 잘 자라지 않는다. 사실은 자라는데 솎아낸다. 이렇게 바닥에 쌓인 솔잎이 불쏘시개 역할을 한다. 줄기가 곧게 뻗고 그 아래 공간이 뻥 뚫려서 바람길이 있다. 한번 불이 붙으면 걷잡을 수 없이 번진다.

바람이 불지 않거나 곧바로 비가 내리면 다행이지만, 건조하고 바람이 많이 부는 가을부터 봄까지 산불이 나면 진화하는 데 애먹는다. 강원 지역에서 나는 소나무를 생업에 활용하는 주민의 삶도 중요하지만, 넓은잎나무나 떨기나무가 빼곡히 자랄 수 있게 숲을 가꾸면 산불 피해는 줄일 수 있을 것이다.

못생긴 나무가 숲을 지킨다는 말이 있다. 구불구불한 나무라서 건물 기둥에 적합하지 않으니 베일 일이 없어 숲에 남는다는 뜻이다. 지금은 그런 시대가 아니다. 오히려 작고 보잘것없는 떨기나무가 숲을 지킨다.

새가 나무를 심는다?

새가 부리로 땅을 파서 나무를 심지는 않는다. 물론 '산까치'라고도 하는 어치는 땅을 파서 도토리를 묻고, 그중에 잊어버리고 못먹는 도토리가 이듬해 참나무로 자라니 이 경우 땅을 파서 심은 것과 같다. 굳이 땅을 파지 않더라도 새가 아니면 발아하지 않는 나무가 있다. 새의 장을 통과해야 발아가 더 잘되는 나무 씨앗도 있다. 이 경우 새가 배설하면 땅에 떨어져 이듬해 발아하니, 역시 새가 심었다고 해도 과언이 아니다. 많은 나무 열매는 새가 먹고 멀리 이동하고 씨앗을 배설해서 퍼뜨린다. 그 자리에서 돋아난 나무는 새가 심었다고 할 수 있다.

다람쥐나 청설모, 들쥐 등 저장 습관이 있는 동물은 종종 먹이를 묻어놓고 잊어버린다. 잣과 같은 씨앗은 바람에 날아가거나 굴러가기 어려워, 이런 동물들에 의해 번식하는 개체 수가 꽤 될 것이다. 체격이 좀 큰 포유류도 나무를 심는다. 과육이 있고 단맛이 나는 열매는 너구리나 멧돼지가 먹고 씨앗을 배설하며 먼 곳에 번식하게 돕는 셈이다.

사람들이 멧돼지를 유해 조수로 지정하고 무서워하며 개체 수를 조절해야 한다고 생각하지만, 생태적으로 볼 때 멧돼지가 땅을 파면서 땅속에 질소를 제공해 식물이 잘 살 수 있게 한다. 무엇보다 멧돼지 털에 여러 씨앗이 들어갔다가 새로 털이 날 때나 멧돼지가 내달릴 때 땅에 떨어져 번식한다. 멧돼지 한 마리 털에 씨앗이 300여 개 들었고, 멧돼지를 이용해 번식하는 식물도 60종이 넘는다고 한다. 이렇게 동물이 심는 나무가 생각보다 많다.

나무의
생태에 대한
질문

나무는 왜 단단할까?

풀 줄기는 좀 약하다. 발길로 툭 치면 부러지거나 짓이겨진다. 하지만 나무는 단단하다. 왜 그럴까? 리그닌(lignin, 목질부) 때문이다. 나무는 리그닌과 셀룰로오스(cellulose)로 구성된다. 셀룰로오스 외에 헤미셀룰로오스(hemicellulose)도 있는데, 둘 다 섬유소다. 섬유소 길이가 긴 것이 셀룰로오스, 짧은 것이 헤미셀룰로오스다. 이 둘이 엮인 자리에 리그닌이 결합해 나무를 이룬다. 나무가 집이라면 셀룰로오스가 벽돌이고, 리그닌은 벽돌을 단단하게 붙드는 시멘트라고 할 수 있다.

리그닌은 스위스 식물학자 오귀스탱 캉돌(Augustin Pyrame de Candolle)이 1813년에 처음 발견하고 이름 붙였다. 나무를 뜻하는 라틴어 리그넘(lignum)에서 온 이름이다. 인간은 리그닌을 늦게 발견했지만, 식물은 아주 일찍 발명했다. 4억 년 전 양치식물이 그 주인공이다. 당시 양치식물은 지금의 고사리와 달리 나무고사리여서, 크고 단단하게 자랄 수 있었다.

이 단단함 때문에 나무는 우리 일상에 다양하게 사용됐다. 단단하기만 해서는 일상 도구로 쓰기 어렵다. '인장성'이라는 질긴 성질이 있어야 한다. 셀룰로오스와 리그닌 덕분에 인장성도 갖췄다.

인류 문화 발전을 석기시대와 청동기시대, 철기시대 식으로 구분하지만, 도끼의 재료는 달라졌어도 도낏자루는 모두 나무였다. 그래서 인류의 역사를 '나무 시대'라고 하는 학자도 있다. 인간이 여러모로 나무에 신세 지고 사는 건 부인할 수 없는 사실이다.

013

나무의 몸은 대부분 죽은 조직이다?

인체에도 죽은 조직이 있다. 머리카락, 손톱, 각질 등은 죽은 세포가 쌓인 것이다. 하지만 우리 몸에서 죽은 조직은 많지 않다. 나무는 그 반대다. 죽은 조직이 대부분이고, 살아 있는 조직은 일부다.

이게 무슨 말인가? 어엿이 살아 있는 나무에게 죽은 조직이 대부분이라니. 나무는 주로 형성층 부분이 살아 있다. 잎이 무성할 때는 잎도 살아 있는 조직이지만, 줄기만 놓고 보면 얇은 필름처럼 나무를 둘러싸는 형성층과 그 형성층이 올해 만든 물관과 체관만 살아 있는 조직이다.

지난해 만든 물관과 체관은 살아 있는 경우가 있지만, 제 역할을 못 한다. 달리 말해 수령이 300년인 나무는 299년까지 몸은 죽었고 올해 태어난 몸만 살아 있다. 나무 내부에 수백 년 동안 쌓인 죽은 조직이 단단히 버티며 살아 있는 부분을 지탱하는 셈이다.

세상은 변화에 적응해야 한다고 한다. 하지만 새로운 것은 그렇지 않은 것이 중심에 있어야 적응할 수 있다. 변치 않고 오래된 것이 근간이 돼야 변화에 적응하기도 쉽다.

나무는 뭘 먹고 살까?

우리는 밥을 먹고 산다. 물론 채소도 먹고 고기도 먹지만. 나무는 우리처럼 밥을 먹진 않을 테고, 밥 대신 뭘 먹을까?

나무는 먹는다는 개념이 우리와 조금 다르다. 주로 균류와 공생하며 뿌리를 통해 물과 양분을 흡수한다. 양분은 거름을 말한다. 나무에 필요한 거름은 질소와 인산, 칼륨이 주성분이며, 특히 질소가 중요하다. 질소는 식물이 생명을 유지하는 데 필요한 단백질과 DNA, RNA의 핵산에 들어 있기 때문이다.

질소는 대기 중에 78% 있지만, 식물은 질소를 직접 먹기 어렵다. 비 오는 날 번개가 치면 공기 중의 질소가 빗물에 녹아 땅속에 스며들기도 하고, 사람이 쟁기로 땅을 갈거나 멧돼지가 팔 때 질소가 공급된다. 하지만 땅속에 녹아 있는 질소도 식물의 뿌리가 직접 흡수하지 못한다. 콩과 식물에 공생하는 뿌리혹박테리아가 뿌리혹을 만들고, 뿌리혹은 질소를 고정하며 식물에 전해주는 대신 단백질을 공급받는다.

물과 양분 외에 이산화탄소도 먹는다. 햇빛을 이용해 탄소동화작용으로 광합성을 하니 햇빛도 먹는다고 할 수 있다. 그러고 보니 우리는 입으로 먹는데, 나무는 뿌리와 잎으로 먹는다. 먹는 양도 꽤 많다.

우리도 알고 보면 먹는 게 많다. 골고루 먹고 건강하게 살자.

나무는 언제 행복할까?

우리가 나무가 아니니 알 수 없다. 사람도 저마다 행복한 순간이 다른데, 나무가 언제 행복한지 말하기는 더 어렵다. 그전에 적어도 행복이란 개념을 정리하고 넘어가야 한다. 행복이 뭘까? 인간이 살아가는 목적은 행복이라고 흔히 말한다. 맞는 말이지만, 우리가 행복해야 하는 이유가 있지 않을까?

맛난 걸 먹으면 행복하다. 음식을 먹어야 생존할 수 있기에, 음식을 구할 때 드는 노력과 수고를 감수한다. 다시 말해 인간이 존재하고 번식하기 위해 행복을 느끼게 된 것이다.

나무가 감정이 있는지, 오감 체험을 하는지는 알 수 없다. 강아지는 말은 못 해도 교감으로 어느 정도 감정을 알아챌 수 있는데, 나무는 감정을 드러내지 않으니 언제 화가 나고 기분이 좋은지 알 수가 없다.

어린아이가 태어나자마자 의사 표현을 하거나 대화할 순 없지만, 편안한 표정으로 자는 모습을 보고 '이 순간에 아이가 괴롭구나' 생각하는 사람은 없을 것이다. 즉 말이 통하지 않는 대상의 감정 상태는 관찰하고 유추해야 한다. 나무도 생명체로서 죽음보다 생존을 택한 것이고, 생존에 유리한 조건을 좋아할 것이다. 오랜 시간 생존에 유리한 조건을 추구하면서 그에 맞는 생활방식을 갖췄을 것이다. 그대로 자라게 해주는 게 좋은 방향임은 의심할 여지가 없다.

일단 나무는 아프지 않아야 한다. 병충이 괴롭히지 않아야 한다. 너무 덥거나 추우면 나무도 스트레스가 쌓일 것이다. 평소 생존을 위해 필요한 것을 잘 먹어야 한다. 기후나 날씨 등이 생육조

건에 맞아야 하고, 햇빛이 잘 들고, 수분 섭취가 원활하고, 양분이 많은 토양이어야 한다. 꽃을 적당히 피우고 열매도 알맞게 맺어서 번식하고, 이듬해 다시 자라며 살아오던 대로 건강히 사는 게 나무의 행복 아닐까?

하지만 모든 게 완벽한 장소는 없다. 원하는 대로 되지 않는 한두 가지가 있다. 나무는 그런 환경을 극복하며 산다. 양분이 충분한 난은 꽃을 피우지 않는다고 한다. 위기에 처했을 때 꽃을 피운다.

지금 나무는 어쩌면 행복을 추구하지만, 상황이 여의치 않아 극복해가며 만든 모습이 아닐까? 우리는 행복이라 하면 뭔가 거창한 것을 떠올리다가 숨 쉬고, 걷고, 밥 먹고, 이야기하고, 노래하고, 춤추고, 웃고, 잘 자고… 눈앞에 작은 것만으로도 행복하다는 생각이 든다. 어찌 보면 나무나 사람이나 살던 대로 기본에 충실한 게 가장 행복한 삶이 아닐까?

나무도 사춘기가 있을까?

나무 역시 생명체라서 번식이 가능한 나이가 되면 어른이 된다. 인간은 육체적으로 사춘기에 이차성징이 나타나 후손을 남길 수 있다. 프랑스는 합법적으로 성교할 수 있는 나이가 15세라고 한다. 딱 사춘기다.

나무는 씨앗에서 싹이 나와 자라면서 이듬해 곧바로 꽃을 피우지 않는다. 꽃이 피기 전, 생장만 하는 시기를 몇 년 거친 뒤 꽃도 피우고 열매도 맺는다. 내가 관찰해보니 가장 빨리 꽃을 피우는 나무는 앵두나무다. 심은 지 3년 만에 꽃이 피고 열매가 맺혔다. 버드나무도 3년 만에 꽃을 피웠다. 1~2년은 성장기, 3년째부터 어른이 된 셈이다.

꽃을 피우기 시작한 때가 사춘기라고 할 수 있다. 시간이 지나며 나무가 더 자라고 열매도 많이 맺겠지만, 첫 열매를 생산한 때를 사춘기로 봐도 좋지 않을까? 유형기(幼形期)는 나무가 영양 생장만 하고 꽃을 피우지 않는 시기다. 나무마다 유형기가 다르다. 가문비나무나 은행나무처럼 20년이 되는 종도 있지만, 대부분 10년 안팎이다.

나무 시장에서 감나무나 배나무, 사과나무를 사다 심으면 그해에 열매가 열리는 경우가 있다. 나무 판매상이 접붙여서 팔기 때문이다. 그렇지 않으면 수년을 기다려야 열매가 열리므로, 나무를 산 사람은 답답할 노릇이다. 이런 상황을 방지하기 위해 미리 접붙여서 그해 열매가 맺히게 한다.

자연 상태에서는 유형기가 생각보다 길다. 어린 시절에 꽃을 피우거나 열매를 맺으면 그쪽으로 양분을 빼앗겨, 생장하는 데 양분이 부족하다. 일단은 생장하는 데 에너지를 쏟아서 자라고, 이후 안정되면 성숙해져서 꽃을 피우고 번식하는 게 좋다.

요즘 세대는 20~30대도 어리다고 한다. 결혼보다 자신이 성장하는 데 에너지를 많이 쓴다. 어쩌면 이것이 더 현명한지도 모르겠다.

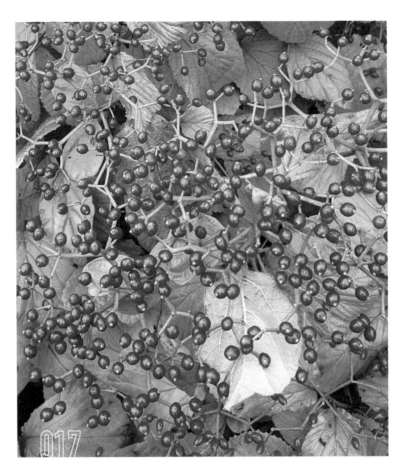

나무도 여행할까?

나무는 뿌리를 땅에 박고 있어 움직이지 못하니 여행할 수 없다. 누군가 나무를 잘 길러서 다른 사람에게 판매하거나, 나무 농장에서 길가 가로수로 옮겨 심을 때만 여행할 수 있다. 이렇게 한번 심었다가 다른 곳에 옮겨 심는 나무는 극소수다.

미국에 있는 나무가 베여서 한국으로 오기도 한다. 물론 죽어서 온다. 이런 경우 여행이라고 하긴 어렵다. 나무가 있던 장소에서 다른 곳으로 옮기는 경우 말고, 다른 방식으로 하는 여행은 어떨까? 자기를 닮은 후손을 멀리 보내는 것이다. 나무 씨앗은 바람을 타고 멀리 가기도 하고, 물에 떠서 멀리 가기도 한다. 동물이 먹어서 배설할 때 멀리 이동하기도 한다. 나무 씨앗이 하는 여행은 공간을 이동하기도 하지만, 시간 여행에 가까울 수 있다.

분명히 엄마 나무와 붙어 있었는데, 눈을 떠보니 모르는 곳에 와 있다. 공간을 이동했지만 기억이 나지 않는다. 눈을 떠서 바라본 세상은 잠자고 나니 펼쳐진 세상이다. 땅에 떨어진 씨앗 중에는 발아하지 않는 것이 많다. 그렇다고 그 씨앗이 영영 깨어나지 않는 것도 아니다. 올해 나오지 못한 씨앗이 내년에 돋아날 수도 있다. 눈뜨고 나니 어느새 1년이 지난 것이다.

우리는 잘 때 빼고 거의 깨어 있다. 특히 움직일 때는 거의 눈을 뜨고 있다. 그래서 이동한 거리나 장소, 시간 등을 항상 인지한다. 식물은 우리와 다르다. 식물의 삶을 상상하며 나름의 타임머신을 타본다.

018

나무도 생일이 있을까?

우리는 생일이 있다. 집에서 키우는 반려동물도 생일이 있다. 그렇다면 나무도 생일이 있을까? 있다면 언제일까?

세상에 나온 날이 생일이니, 나무가 이 세상에 태어난 날이 생일일 것이다. 나무가 세상에 나온 날은 꽃이 핀 날일까, 열매가 맺힌 날일까? 정확히 나무의 생일이라는 개념은 모르지만, 우리 기준으로 보면 씨앗을 심고 그 씨앗에서 새싹이 나오는 때를 생일이라고 할 수 있을 것 같다.

일단 봄이 나무의 생일이 몰려 있는 계절이다. 나무마다 씨앗에서 싹이 나는 때가 다르지만, 주로 봄에 맞춰졌을 것이다. 온대 지방에서는 겨울에 저온을 겪은 씨앗이 봄을 맞아 싹을 틔우니까.

일일이 땅을 파서 발아하는 것을 보거나, 씨앗을 관찰 접시나 화분에 담아 관찰하기는 여간 어려운 일이 아니다. 씨앗에서 싹이 돋아 나올 때와 겨울눈에서 새싹이 나올 때가 똑같진 않지만 비슷하다. 땅을 파는 수고를 하기보다 겨울눈에서 나는 싹을 보는 게 훨씬 수월하다. 산책하다 막 싹이 나는 나무를 보면 "너, 오늘 생일이구나?" 축하해주고 지나가자.

나무도 더위를 탈까?

추운 겨울, 나무는 잎에 있는 수분이 어는 것을 막기 위해 단풍을 만들고 겨울잠도 잔다. 그러니 나무가 추위를 탄다고 볼 수 있다. 그렇다면 더위는 어떨까?

우리는 더우면 땀을 흘려 체온을 조절한다. 나무도 우리가 땀을 흘리는 것과는 다르지만, 너무 더우면 수분을 배출한다. 나무는 평소에 수분을 빨아들여 광합성을 해서 포도당을 만든다. 그 과정에서 부산물로 산소와 수분을 배출한다. 산소와 수분은 잎의 기공을 통해 배출하는데, 수분은 수증기 형태로 공기 중에 날아간다. 이를 증산작용이라 부르고, 수분을 수증기 형태로 내보내는 양을 증산량이라 한다. 증산량은 당연히 한여름에 가장 많다. 다 자란 참나무 한 그루가 한여름에 하루 동안 수분 400ℓ를 증산한다니 그 양이 어마어마하다. 나무는 수분을 배출하지 못하면 스트레스를 받는다. 우리가 더울 때 땀을 흘리지 못하는 것과 비슷하다.

수분이 얼마나 나오는지 알아보려면 이파리에 비닐을 씌우고 밀봉한다. 몇 시간 뒤에 보면 비닐 안에 물방울이 송골송골 맺히는 걸 확인할 수 있다. 우리가 흘리는 땀처럼 짜지는 않다.

나무도 옆 친구를 느낄까?

숲길을 걷다 보면 나무가 주변에 다른 나무와 붙어서 자란다. 두 나무가 옆에 있는 나무 쪽으로 가지를 덜 뻗어 서로 양보하고 배려하는 듯 보이는데, 이 경우 한 나무를 베면 옆 나무도 따라 죽는다고 해서 '부부 나무' 혹은 '혼인목'이라고 부른다.

 진짜 한 나무를 베면 옆의 나무가 따라 죽을까? 꼭 그렇진 않다. 나무는 햇빛과 바람에 민감한데, 옆에 있던 나무가 햇빛과 바람을 나눠서 받다가 그 나무가 사라지면 한 나무가 오롯이 햇빛과 바람을 받아야 한다. 햇빛이 강하면 화상을 당하기도 하고, 바람이 강하면 가지가 부러지거나 줄기가 세로로 터지기도 한다. 부러지거나 터진 곳에 세균이 감염되어 나무가 죽을 수도 있다. 잘 이겨내는 나무는 살고, 그렇지 않은 나무는 죽는다. 주로 어린나무는 빨리 적응해서 잘 사는 반면, 오래 그 자리에서 함께 살아오던 나무는 변한 환경에 잘 적응하지 못한다고 한다.

 왜 나무는 옆 나무 쪽으로 가지를 덜 뻗을까? 나무줄기는 기본적으로 햇빛을 향해 뻗지만, 그렇다고 한쪽으로 뻗기는 어렵다. 사방으로 뻗어서 넓고 둥그렇게 수관을 형성하는데, 주로 남쪽으로 가지를 뻗게 마련이다. 그 방향에 장애물이 있다면 가지를 뻗지 않는다. 옥신이라는 호르몬이 눈〔芽〕을 만들고, 뻗어갈 방향을 결정한다. 옆에 다른 장애물이 있는 것을 알아채고 그쪽으로는 가지를 덜 뻗게 한다. 나무도 옆에 있는 친구를 인지한다고 할 수 있다.

021

나무는 봄이 오는 걸 어떻게 알까?

봄이 되면 생강나무와 산수유나무가 먼저 노란 꽃을 피우고, 이어서 진달래와 개나리, 벗나무도 꽃망울을 터뜨린다. 봄의 전령이 산수유나무다, 개나리다, 벗나무다… 저마다 말이 다르다. 나무가 어떻게 봄이 온 걸 알고 꽃을 피우는지 놀랍다.

지난해와 며칠 차이가 날 뿐, 나무는 때가 되면 꽃을 피운다. 봄에 꽃을 피우는 나무가 있고, 여름에 꽃을 피우는 나무가 있다. 저마다 자기에게 맞는 시간에 꽃을 피운다. 몸속에 달력이나 시계가 있는 것도 아닌데, 나무는 계절이 바뀐 걸 어떻게 알고 꽃을 피울까?

여러 가지 실험을 통해 주변의 온도와 일조시간에 따라 꽃이 피는 것을 알게 됐다. 하지만 온도나 일조시간과 비교해서 판단을 내리는 주체는 정확히 알 수 없다. 땅속에 있는 뿌리가 지상의 온도 변화가 조금씩 전달되는 것을 민감하게 느끼고, 꽃눈에게 전달 물질을 보내서 꽃을 피우라고 명령한다는 사람도 있다. 겨울눈에 들어 있는 새싹이 햇빛에 민감해서 그 변화를 알아채고 싹을 틔운다는 사람도 있다. 아직 무엇이 정답인지 알 수 없다.

나무가 온도와 일조시간을 감지하는 것은 분명하다. 자신이 꽃을 피울 온도가 됐다고 바로 꽃을 피우는 게 아니다. 겨울에 잠깐 온도가 높은 날도 있기 때문이다. 며칠 동안 안정적으로 높은 온도를 보여야 꽃을 피운다. 이런 사실도 나무가 정확히 판단한다. 의외로 복잡한 시스템이 있어야 가능한 일이다. 그 시스템이 어디에 있는지 많은 이가 관심 있게 살피고 알아내길 바란다.

나무는 애벌레를 싫어할까?

나무는 생장과 번식을 위해 광합성을 해서 양분을 만든다. 잎은 광합성을 하는 기관이라 나무에 절대적이다. 그런데 잎을 노리는 애벌레가 아주 많다.

우리나라에 사는 식물이 약 4000종이고, 곤충은 2만 종가량 된다. 단순 계산으로 하면 식물 1종에 곤충 5종이 온다고 할 수 있다. 물론 육식을 하는 곤충도 있고, 곤충이 1~2종 오는 식물이나 아주 많이 오는 식물도 있겠지만 말이다. 식물은 독을 만들어서 곤충이 잎이나 어린줄기를 먹지 못하게 한다. 아주 강한 독으로 애벌레가 이파리 근처에도 못 오게 하진 않는다. 왜 그럴까? 애벌레가 자라서 나비와 나방, 딱정벌레 등이 되기 때문이다. 그들은 꽃가루받이해주는 고마운 존재다. 나무는 곤충이 사라지기를 원치 않는다. 그냥 독으로 겁주거나, 한 입 베어 물고 '으악~ 못 먹겠다, 퉤!' 하고 그 자리를 떠나게 하면 된다.

식물이 만드는 독을 우리는 다양한 방식으로 이용한다. 약국에서 파는 수많은 약은 식물에서 추출한 성분으로 만든다. 휘발성 물질인 피톤치드는 삼림욕하며 면역력을 강화하는 데 이용하기도 한다. 나무가 자신을 괴롭히는 곤충을 막기 위해 만든 물질이니, 애벌레 덕에 우리까지 도움을 받는 셈이다.

그러고 보면 애벌레는 세상에 없어선 안 될 존재다. 나무도 그 사실을 알기에, 이파리를 필요한 양보다 10~20% 많이 만든다고 한다. 애벌레가 먹으라고 만든 것으로 해석할 수 있다. 나무는 오랜 경험으로 자신을 괴롭히는 존재에게 여유로 대처한다.

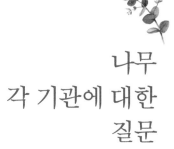

나무
각 기관에 대한
질문

나무는 왜 키가 클까?

키가 큰 풀도 있고 키가 작은 나무도 있지만, 주로 나무는 풀보다 키가 크다. 지구에 있는 생물 중 나무가 가장 키가 크다. 100m가 넘는 나무도 있다. 놀랍기 그지없다.

우리나라에서 키가 가장 큰 나무는 양평 용문사 은행나무(천연 기념물)로, 42m에 이른다. 일제강점기에 일본인이 60m로 잘못 잰 것을 그대로 등록해 아시아에서 키가 가장 큰 나무로 등재됐다고 한다. 42m가 넘는 나무가 많고 얼마 전 중국에서 키가 가장 큰 나무는 83.4m라고 하니, 아마도 그 나무가 아시아에서 가장 큰 나무로 기록됐을 것이다.

우리가 길을 걷다가 만나는 가로수가 10m 정도다. 42m면 네 배가 넘어 상당히 큰 키다. 100m가 넘는 나무는 정말 얼마나 클까? 본 적이 없어 상상하기 어렵다. 나무는 왜 키가 클까?

햇빛을 많이 받고자 한다는 것을 쉽게 알 수 있다. 햇빛을 많이 받는 게 좋다면 모든 식물이 키가 커야 하는데, 키가 작은 풀도 잘 산다. 반드시 햇빛이 많이 필요한 것은 아니다.

나무는 오래 산다. 한번 만든 조직으로 수명을 길게 해서 오래 살 수도 있지만, 해마다 새로운 조직이 살도록 해서 삶을 이어가는 게 낫다. 죽거나 쓰러지지 않고 버티려면 단단해야 하고, 단단하려면 에너지가 필요하다. 에너지를 만들기 위해서 햇빛을 받아 광합성을 많이 해야 한다. 그러니 키도 커야 한다. 키뿐만 아니라 너비도 커서 체격이 전체적으로 크다. 엄청난 광합성량을 과시한다. 씨앗도 많이 만들 수 있다. 커다란 덩치로 승부를 보는 것이다. 하지만 그 체격을 유지하려면 에너지가 소모된다. 열매마다 양분을 보내서 여물게 하기가 쉽지 않다. 번 만큼 쓰게 마련이다.

나무는 체격을 불리는 방법을 선택했고, 풀은 작은 체격으로 사는 방법을 선택했다. 어느 선택이 맞다고 할 수 없다. 저마다 생긴 대로 에너지를 쓰며 살아가니까. 자신이 선택한 방법에 따라 살 뿐이다.

024

나무는 언제까지 키가 클까?

이론상으론 죽을 때까지 큰다. 부피도 계속 늘어난다. 나무는 체격이 크지만, 바깥쪽 얇은 막 같은 형성층과 그해 생긴 물관, 체관이 살아 있고, 겉에 있는 두꺼운 껍질이나 내부에 있는 (우리가 나이테라고 부르는) 부분은 거의 다 죽은 조직이다.

　나무나 인간 모두 세포가 죽고 새로 생기며 살아가는 건 비슷하지만, 나무는 많은 부분을 차지하는 죽은 조직을 살아 있는 세포가 챙기지 않아도 된다. 인간으로 치면 피부만 살아 있는 것과 같다. 그러니 사용하는 에너지가 인간에 비해 적을 수밖에 없다. 특히 인간은 뇌가 차지하는 에너지 양이 전체 에너지의 23%가 넘는데, 나무는 뇌가 없으니 상대적으로 한 해 살아가는 에너지 비용이 적게 드는 편이다. 다만 나무는 점점 체격이 커져서 맨 마지막에 생긴 형성층과 물관, 체관도 아름드리가 되면 꽤 양이 많아진다. 두세 사람이 겨우 안을 정도로 큰 나무는 당연히 살아 있는 조직도 크다.

　지금까지 살아온 방식으로 점점 커지는 체격을 유지하려면 무리가 될 수 있어서, 나이가 들수록 키와 부피가 덜 자란다. 그래도 나무는 해마다 조금씩 키가 크고 부피가 늘어, 죽을 때까지 키가 큰다고 할 수 있다. 키가 크는 속도는 나무마다 다르다. 10m가 되는데 10년이 걸리는 나무도 있고, 100년이 더 걸리는 나무도 있다.

나무는 1년에 얼마나 자랄까?

나무마다 다르다. 잘 자라는 나무는 많이 자라고, 그렇지 않은 나무는 덜 자란다. 어린나무는 아무래도 많이 자라고, 나이가 든 나무는 적게 자란다. 같은 종류라도 햇빛이 잘 비치거나 토양이 좋은 곳에 있는 나무는 많이 자라고, 그렇지 않은 곳에 있는 나무는 덜 자란다.

나무가 올해 자란 길이를 잴 수 있을까? 새 가지를 재면 된다. 새 가지는 헌 가지보다 전반적으로 녹색에 가깝고, 만지면 단단하지 않다. 리그닌이 덜 발달해서 약간 풀 줄기 같은 느낌이 난다. 나무는 여름이 지나면서 점점 단단해지고 색깔도 어두워진다. 그러니 가을이 되기 전, 여름에 녹색을 띤 부분이 올해 자란 길이다. 생각보다 많이 자란다. 언뜻 생각하면 10cm쯤 자라지 않을까 싶은데, 보통 20~30cm 자라는 것 같다. 1~2m 자라는 나무도 있다. 오동나무나 버드나무 같은 속성수는 정말 많이 자란다. 속성수 중에도 어린나무는 훨씬 많이 자란다.

큰키나무(교목)보다 떨기나무 줄기가 많이 자라고, 떨기나무보다 등나무나 칡 같은 덩굴나무가 훨씬 많이 자란다. 덩굴나무는 1년에 수 m도 자란다. 건강한 숲에서 나무가 1년 동안 자란 양을 재보니, 1ha 숲 기준으로 4m³ 정도 된다고 한다. 보통 방 한 칸을 가득 채운 양보다 많다. 나뭇잎, 열매 등 나무가 한 해 동안 만드는 물질량으로 따지면 ha당 10t이 넘는 무게라니 어마어마하다.

나무는 정해진 만큼 한 번 자라는 종류가 있고, 한 번 자랐다가 광합성을 통해 양분을 모아 두세 번 더 자라는 종류도 있다. 한 번 자라는 것을 고정 생장, 여러 번 자라는 것을 자율 생장이라고 한다. 주로 바늘잎나무에 고정 생장이 많지만, 메타세쿼이아는 서너 번 자란다. 넓은잎나무 중에도 층층나무나 일부 참나무 종류는 고정 생장을 한다. 어릴 때 자율 생장을 하다가도 나이가 많이 들면 고정 생장을 하는 나무도 있다. 한 해에 두세 번 자라기엔 양분이 많이 필요하므로, 기력이 쇠한 나무는 한 번만 자라는 모양이다.

노거수나 조금씩 자라는 일부 나무를 제외하면 생각보다 많이 자란다. '나무처럼 자라라'는 말이 쑥쑥 자라라는 의미로 사용되는 것도 그 때문인 듯하다.

나무도 나이를 먹을까?

나이를 어떻게 정의해야 할까? 1년이 지나면 한 살씩 먹는 것이라고 하면 될까? 우리는 해마다 한 살씩 나이를 먹는다. 나이를 어떻게 먹는지, 몇 살인지 눈으로 확인되지 않는다. 노인을 보면 나이가 많다, 어린아이를 보면 나이가 어리다고 말할 수 있지만 51세와 52세를 알아챌 수는 없다. 그런 면에서 어쩌면 나무가 나이를 더 명확하게 드러낸다고 할 수 있다.

풀은 겨울을 견디지 못하고 시드는 것이 많다. 나무는 시들지 않고, 항상 단단하게 버티며, 이듬해 새싹을 낸다. 겨울을 견디고 새잎을 내니 나이를 먹는 것으로 보면 되겠다. 그 나이가 나이테로 표시된다.

나무는 비가 많이 오거나 날씨가 따뜻하면 많이 자라고, 기후나 병충해 등 열악한 상황이 되면 덜 자란다. 나이테 간격이 한 해 한 해 다른 것처럼, 우리 삶의 나이테도 간격이 다르다. 내가 서른 살이 된 해에 이 나무는 이만큼 자랐다. 나무도, 우리도 그때그때 이야기가 새겨진다. 나이는 삶의 궤적이다. 내가 살아온 이야기가 차곡차곡 쌓이고 새겨지는 것이다. 그래서 나이테를 '연륜(年輪)'이라고 하는데, 우리 삶에도 연륜이란 단어를 쓴다. 내 삶의 나이테가 쌓인다고 해서 그만큼 지혜로워질까?

나이테로 방향을 알 수 있을까?

알 수 있다. 다만 광장에 딱 한 그루가 있을 때 가능하다. 보통 숲에서 길을 잃으면 나이테로 방향을 찾는다고 하는데, 쉽지 않다. 나무는 햇빛이 많이 비치는 곳으로 가지를 뻗는 게 맞다. 하지만 그쪽에 다른 나무나 바위가 있다면 그 부분을 피해서 가지를 뻗는다. 주변의 영향을 받는 것이다. 빈 곳으로 가지를 뻗고, 그쪽으로 많이 생장한다. 부피 생장도 마찬가지라, 나이테 간격이 넓어진다. 동서남북과 상관없이 장애 요인이 적은 쪽으로 가지를 뻗어서, 나이테 간격이 동서남북에 맞지 않는다. 그러다 보니 숲 속에서 나이테로 방향을 찾기 어렵다.

　대신 더 놀라운 사실을 알 수 있다. 언제 비가 적게 왔는지, 언제 숲에 화재가 있었는지, 언제 병충이 창궐했는지, 언제 이 나무가 아팠는지… 다양한 정보가 나이테에 담긴다. 그래서 나이테를 '나무 일기장' '나무 역사책' '나무 하드디스크' 등으로 부른다.

나무를 베지 않고도
나무의 나이를 알 수 있을까?

나무의 나이는 나이테를 세어보면 알 수 있다. 하지만 나이를 알자고 나무를 벨 순 없는 일, 다른 방법은 없을까? 있다. 고정 생장을 하는 나무가 나이를 알기 제일 쉽다. 고정 생장을 하는 나무는 바늘잎나무가 많은데, 잣나무나 스트로브잣나무는 가지가 돌려나는 층이 뚜렷하고 그 층을 세면 나이를 알 수 있다.

넓은잎나무 중에는 층층나무가 대표적이다. 참나무도 몇 종류는 고정 생장을 한다. 나이테 간격이 다르듯이 층의 길이도 해마다 다르다. 그 층의 길이로 그해 나무가 잘 자랐는지, 덜 자랐는지 알 수 있다.

주변에 있는 나무와 비교해도 좋다. 가지가 돌려나는 층의 길이가 거의 비슷할 것이다. 가지가 돌려나는 층의 길이가 다르듯이 나이테 간격도 확인하면 그만큼 차이가 난다. 나무가 잘 자란 해는 나이테 간격이 넓고, 나무가 덜 자란 해는 간격이 좁다.

나이테 간격을 조사해서 평균값을 내보니, 대략 1년에 0.5cm 넓어진다고 한다. 지름이 1cm 정도 커지는 셈이다. 그러니 정확하진 않지만 지름이 30cm인 나무는 30년쯤 됐다고 짐작하면 얼추 맞는다. 오동나무나 버드나무, 버즘나무 같은 속성수는 두 배 정도 빨리 자라니 지름의 반이 나이인 셈이다. 나무는 나이가 들수록 부피 생장이 줄어드는 점을 감안해서 수백 년 된 나무는 나이를 좀 더 많이 잡아야 한다. 나무 지름이 100cm라면 100살이 아니라 200살일 수도 있다.

바늘잎나무는 왜 삼각형일까?

잎이 바늘처럼 뾰족한 바늘잎나무는 전체적인 수형이 삼각형에 가깝다. 잣나무, 전나무, 잎갈나무, 구상나무 등 모두 멀리서 보면 삼각형이다. 왜 그럴까?

나무가 생장하는 원리 중 두 가지 때문이다. 첫째, 끝눈 우성 (정아우세)이다. 나무는 겨울눈에서 새싹이 나오면서 자란다. 겨울눈 위치에 따라 자라는 길이가 다른데, 끝눈이 곁눈에 비해 많이 자라는 현상을 끝눈 우성이라고 한다. 끝눈 우성을 반복하면 수형은 삼각형이 된다. 둘째, 고정 생장이다. 1년에 한 번 한 마디씩 자란다. 두 가지 현상을 모아보면 해마다 자라는 나무 모습은 아래 그림과 같다.

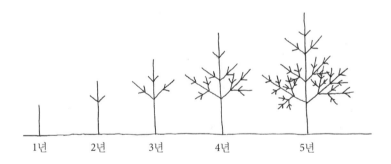

| 1년 | 2년 | 3년 | 4년 | 5년 |

그렇다면 바늘잎나무는 왜 넓은잎나무와 달리 수형을 삼각형으로 만들까? 정확히 알 순 없지만, 밑부분이 넓고 윗부분이 좁은 모양이 햇빛을 골고루 받기에 좋다는 게 많은 학자의 공통된 의견이다. 그보다 추위에 적응한 모습이라고 본다.

바늘잎나무는 지구 역사 초기에 나타났고, 추위에 강하다. 세

상이 점점 따뜻해지면서 현재 지구상에 바늘잎나무는 수백 종이 남았고, 우리나라에는 50여 종이 전부다. 그만큼 추위에 적응한 나무라고 할 수 있다. 추운 곳은 눈이 많이 오고, 눈이 쌓이면 나무에 좋지 않다. 무게도 무게려니와, 수분이 잎을 덮으면 숨 쉬기 어렵다. 눈이 나무에 오래 혹은 많이 쌓이지 않아야 한다. 그러려면 나무는 옆으로 퍼진 모양보다 뾰족한 모양이어야 한다.

또 다른 원인은 바람에 대응한 결과다. 추운 곳은 바람도 강하게 마련인데, 나무는 바람에 약하다. 나무가 빈틈없이 차 있으면 바람이 통할 길이 없어서 결국 부러지거나 쓰러질 수 있다. 여러 그루가 삼각형으로 모여 있으면 빈틈으로 바람이 지나간다. 결국 바늘잎나무가 뾰족한 것은 추위와 바람에 적응한 모습이라고 본다. 누구나 사는 환경에 맞게 삶의 방향을 맞출 수 있다.

나뭇잎은 왜 녹색일까?

풀잎도, 나뭇잎도 녹색이다. 숲에 가면 조금씩 차이는 있지만 녹색 계통이다. 밝은 녹색, 어두운 녹색, 노란빛을 띠는 녹색, 흰색이 섞인 녹색…. 조금씩 다르지만 대부분 녹색이다. 사람의 눈은 10만~1000만 가지 색을 본다고 한다. 사람마다 다르니 정답은 알 수 없지만, 대략 수십만 가지 색은 구분하는 것 같다. 그런데 다른 색에 비해 녹색 계통을 미묘한 차이로 구분한다고 한다. 오랜 세월 숲에서 다양한 녹색을 봐서 그럴 거라 짐작한다.

잎은 왜 녹색일까? 잎이 녹색인 까닭이 있지 않을까? 햇빛과 관계가 깊다. 잎은 햇빛을 흡수해서 광합성을 해야 한다. 그렇다면 햇빛을 잘 흡수해야 할까, 잘 흡수하지 않아야 할까? 잘 흡수해야 한다.

햇빛에는 여러 가지 색이 있다. 빛은 파장이니 여러 파장이 있는 것이다. 파장에 따라 우리 눈에 다르게 보인다. 햇빛에서 오는 파장 가운데 나뭇잎이 흡수하는 파장과 흡수하지 않는 파장이 있다. 광합성 하기에 좋은 파장은 녹색을 제외한 파장이다. 녹색은 필요가 없어서 튕겨낸다. 튕겨낸 색이 우리 눈에 녹색으로 보이는 것이다. 숲에 들어가면 이파리가 대부분 녹색을 띠는 것이 이 때문이다. 주변의 모든 사물이 그 색으로 보이는 것은 우리가 햇빛을 흡수하지 않고 튕겨낸 색을 보기 때문이다.

나무 한 그루에 나뭇잎이 몇 장 달렸을까?

나무의 삶에서 광합성은 절대적이다. 광합성은 역시 잎을 빼놓고 이야기할 수 없다. 나무 한 그루에 잎이 몇 장이나 달렸을까?

당연히 나무마다 다르고, 나무의 나이마다 다르다. 오동나무처럼 잎이 큰 나무는 상대적으로 적고, 잎이 작은 나무는 많은 편이다. 어린나무보다 나이 많은 나무가 잎이 많다. 그래서 나무마다 잎이 몇 장 달렸는지 정확히 알 순 없다.

나뭇잎 수를 알려면 일일이 세어보거나, 수학적으로 유추해야 한다. 씨앗에서 싹이 나서 새로 나온 잎이 5장이라면 잎이 난 자리에 겨울눈이 있고, 내년에도 겨울눈에서 새잎이 5장씩 나와 25장이 된다.

첫해 가지에
잎이 5장 났다.

이듬해가 되면 지난해 잎이 난 자리의
겨울눈에서 다시 잎이 5장씩 난다.

나무마다 새로 나온 가지에 달린 잎 수도 다르다. 대략 관찰해본 결과, 5장부터 20장 넘게 달렸다. 주변에서 자주 보는 벚나무

나 느티나무 등은 7~10장 달렸다.

올해 잎이 난 자리에서 이듬해에 잎이 나지 않기도 한다. 잎 개수가 지난해에 난 그대로 나지 않기도 한다. 가지 끝 쪽 눈에서는 대체로 이듬해에 잎이 많이 나고, 가지 아래쪽 눈은 잎이 나지 않는 경우도 관찰된다. 주로 가지 아래쪽에 나는 잎은 숫자가 적은 편이다. 그래서 첫해 7장이라 해도 이듬해에 35~45장이 되는 경우가 많다. 7배보다 5배로 계산하면 다음과 같다.

1년 : 7장

2년 : 7×5장＝35장

3년 : 35×5장＝175장

4년 : 175×5장＝875장

5년 : 875×5장＝4,375장

6년 : 4,375×5장＝21,875장

7년 : 21,875×5장＝109,375장

7년째에 10만 장이 넘는다. 나이가 많아질수록 잎 내는 숫자가 적어진다는 점을 감안해도 우리가 만나는 나무의 이파리 수가 생각보다 많다.

032

나뭇잎은 왜 타원형이 많을까?

나무는 저마다 잎 모양이 다르다. 앞서 이야기했듯이 광합성을 하는 양과 증산작용을 위한 방식 등 다양한 까닭으로 나뭇잎 모양이 조금씩 다르다. 그런데 전체적으로 타원형을 띠는 잎이 많다. 원이나 정사각형 혹은 정삼각형도 있을 수 있는데, 왜 타원형이나 마름모에 가까운 모양일까?

자연에서 정확한 답을 찾기는 어렵지만, 유추할 수 있다. 광합성을 많이 하려면 잎 면적이 넓은 게 좋다. 원이 도형 가운데 면적이 제일 넓다. 나뭇잎 모양이 원이면 가장 효율적으로 광합성을 할 수 있으나, 이는 한 장일 때 이야기다. 잎이 수십만 장 이상 달리면 겹치는 부분이 생길 수밖에 없는데, 아무리 원이라도 옆의 잎과 겹치는 면이 생기면 애써 면적을 넓힌 보람이 없다.

자연에서는 바람이 나무를 괴롭힌다. 바람은 꽃가루받이해주거나 씨앗을 멀리 보내줄 때는 고맙지만, 햇빛을 최대한 받기 위해 빈 곳을 두지 않은 나무는 돛처럼 바람을 받아 위험한 요소가 된다. 실제로 강한 바람이 불 때 나무줄기가 부러지거나, 나무가 쓰러지기도 한다. 이를 막으려면 나뭇잎이 바람에 잘 흔들려야 한다. 그래서 잎자루가 있다. 이 외에도 나뭇잎과 나뭇잎 사이에 공간을 만들어줘야 한다. 길거리 현수막에 구멍을 뚫는 것과 같은 이치다. 그래서 마름모에 가까운 잎 모양이 광합성을 효율적으로 하는 방법이다. 바람에 자주 흔들리다 보면 뾰족한 부분이 닳아 타원형에 가까워진다. 이렇게 주변 환경에 맞춘 결과가 지금의 잎 모양이라고 할 수 있다.

단풍은 왜 들까?

가을이 되면 단풍이 든다. 단풍은 왜 들까? 추우면 당연히 단풍이 드는 걸까? 단풍이 들지 않는 나무도 있다. 잎은 수명이 있다. 수명이 짧은 잎도 있고 긴 잎도 있지만, 언젠가 죽어 떨어진다(낙엽이 된다). 나뭇잎이 죽기 전의 모습이 단풍이다.

우리가 흔히 보는 갈잎나무(낙엽수)는 가을에 노랗거나 빨갛게 단풍이 든다. 늘푸른나무(상록수)인 바늘잎나무나 조엽수(照葉樹, 잎 표면에 광택이 있는 나무)는 꼭 가을에 잎이 지지 않고, 색깔도 갈색이나 연한 황토색을 띠며 지는 경우가 많다. 일반적으로 단풍이라고 하면 수명이 길어서 겨울을 나는 잎이 달린 나무를 제외한 갈잎나무에 해당한다.

가을이 되면 왜 단풍이 들까? 추위 때문이다. 온도가 내려가면 잎을 구성하는 세포나 잎 속 수분이 얼어 결국 죽는다. 겨울이 되면 얼지 않더라도 땅속에서 수분을 흡수하기가 어렵다. 잎은 광합성을 하면 동시에 증산작용을 하며 수분을 배출한다. 양도 상당해서 그만큼 다시 흡수해야 하는데, 겨울에는 수분 흡수가 원활치 않으니 차라리 잎을 떨어뜨리는 게 낫다. 잎을 떨어뜨린 나무는 활동을 거의 중지하고 쉰다.

잎이 커서 광합성에 유리한 넓은잎나무는 여름에 집중적으로 광합성을 하고, 겨울에는 과감히 쉬는 전략을 택했다. 소나무 같은 바늘잎나무는 적은 햇빛과 물을 이용해 조금이라도 광합성을 하려는 전략이다. 이 역시 적어도 꾸준히 광합성을 하려는 좋은 전략이다. 온난화로 바늘잎나무 쪽이 살짝 손해 보는 느낌이긴 하다. 어느 쪽이 유리하다고 말하긴 어렵고, 둘 다 에너지를 효율적으로 생산하고 유지하려는 전략임을 알 수 있다.

034

바늘잎나무 잎은 왜 바늘처럼 뾰족할까?

바늘잎나무는 크게 네 종류로 나눌 수 있다. 첫째, 은행나무처럼 잎이 넓은 종류다. 아직 은행나무를 바늘잎나무로 분류하니 이렇게 나눠본다. 둘째, 측백나무나 편백처럼 비늘잎으로 된 종류다. 셋째, 소나무나 잣나무처럼 긴 바늘잎으로 된 종류다. 넷째, 주목이나 전나무처럼 짧은 바늘잎으로 된 종류다. 바늘잎나무는 셋째와 넷째에 해당하는(잎이 바늘처럼 뾰족한) 종류가 많다.

넓은잎나무처럼 잎을 넓게 해서 광합성을 많이 하면 될 텐데, 왜 굳이 가늘고 뾰족한 잎을 만들었을까? 해답은 '겨울'에서 찾을 수 있다. 겨울은 모든 생명체에게 혹독해서, 저마다 겨울을 나기 위해 여러 가지 방법을 택했다. 넓은잎나무는 개구리가 겨울잠을 자듯이 잎을 떨어뜨리고 휴식기에 들어간다. 바늘잎나무는 겨울잠을 자지 않고 견디는 멧돼지처럼 추운 겨울을 보낸다. 그러기 위해서 몇 가지 작전이 필요하다.

수분 덩어리인 잎을 가늘게 만들고, 더 얼지 않도록 잎에 부동액 같은 성분이 있다. 이렇게 해서 얼추 겨울에 대비했다. 멈추지 않고 살아 있으려면 광합성을 해야 한다. 겨울에는 태양의 고도가 낮아지면서 햇빛의 세기도 약해진다. 바늘잎나무는 적은 빛으로도 광합성을 하는 쪽을 택했다. 광합성을 위해 수분을 사용하고, 광합성을 마치면 배출한다. 그 양이 많으면 겨울에는 광합성이 어렵다. 수분을 확보하기 어렵기 때문이다. 바늘잎나무는 적은 수분으로도 광합성을 하는 쪽을 택했다. 겨울이면 찬 바람이 거센데, 가늘게 쪼개진 바늘잎은 바람에 강하다. 가끔 눈이 와도 가늘게 다발처럼 달린 잎은 넓은잎보다 눈이 덜 쌓인다. 바늘잎나무는 이렇게 다양한 작전으로 겨울을 난다.

소나무나 잣나무 같은 바늘잎나무는 늘푸른나무가 많은데, 늘푸른나무는 잎의 수명이 2~3년이다. 잎을 6개월마다 떨어뜨리고 다시 만드는 수고를 극복하고 2~3년 유지하고 버리는 방식을 택했다. 2~3년 유지하는 동안에도 새 가지에 새잎이 난다. 지난해와 지지난해 가지에는 잎이 있으니, 쉬지 않고 광합성을 할 수 있다. 자신이 사는 환경에서 자신이 택한 삶을 위해 가장 적합한 생존 전략을 만든 결과다. 세상에 살아남은 생명체는 모두 승자다.

035

광합성 총량의 법칙?

'행복 총량의 법칙' '지랄 총량의 법칙' 같은 표현을 종종 쓴다. 이는 심리학적으로 어느 정도 맞는 이야기라고 한다. 어린 시절에 해야 할 특정 행동을 하지 못하면 어른이 돼서 언젠가 그 행동을 하게 된다는 말이다.

이런 법칙이 나무에도 있다. 바로 '광합성 총량의 법칙'이다. 잎이 크면 달린 잎 숫자가 적고, 작으면 잎 숫자가 많다. 바늘잎나무는 잎이 많고, 잎을 떨어뜨리지 않고 1년 내내 광합성을 하며, 넓은잎나무는 넓은잎으로 6개월 동안 열심히 광합성을 한다. 그렇기에 광합성량의 차이가 크지 않다. 다만 다른 식물에 피해 광합성량이 많은 종류가 몇 있다. 주로 벼과 식물이다. 나무 중에는 대나무가 해당한다. 대나무를 풀로 보면 소용없는 말이지만, 나무로 보면 의외로 광합성량이 많다.

나이에 따라서도 오히려 어린나무가 광합성량이 많다. 그래서 숲의 고목은 베고 어린나무를 심으면서 가꿔야 한다는 이도 많다. 이는 어디까지나 잎의 숫자에 비해 효율성이 높다는 말이다. 잎이 30장인 어린나무가 어떻게 잎이 100만 장인 고목의 광합성량을 넘보겠는가.

나무가 산소를 생산하는 일만 하거나, 탄소를 붙잡는 역할만 할까? 오랜 세월 그 나무가 만든 낙엽이 거름이 됐고, 나무에 찾아온 수많은 애벌레가 잎을 먹고 나비가 됐으며, 그 나비가 수많은 나무와 풀을 꽃가루받이해줬다. 숲의 흙도 빗물에 씻겨 내려가지 않도록 붙들어줬다. 커다란 덩치로 햇빛을 막아 우리에게 그늘을 만들어주기도 했다. 나무를 꼭 산소를 생산하는 생명체로만 봐선 안 된다. 노인이 신진대사나 경제력은 약해도 오랜 연륜으로 지혜롭고 귀감이 되어 후손에게 영향을 주듯이, 숲 생태계에서는 오래된 나무도 그에 맞는 역할을 한다.

036

꽃은 왜 필까?

산책하거나 꽃집 앞을 지날 때 다양하고 아름다운 꽃을 만난다. 꽃은 도대체 누구를 위해 필까?

꽃은 사람을 위해 피는 게 아니다. 꽃은 사람으로 비유하면 생식기관이다. 암나무와 수나무가 있기도 하고, 암꽃과 수꽃이 있기도 하고, 한 꽃에 암술과 수술이 있기도 하다. 어쨌든 암수가 만나 짝짓기를 해야 열매가 생긴다. 꽃은 열매를 맺기 위한 수단인 셈인데, 나무는 움직일 수 없으니 꽃가루를 다른 나무의 암술머리에 옮길 방법이 없다. 대신 전해줄 누군가가 바로 바람이다. 아주 오래전에 태어난 나무는 바람을 이용해서 꽃가루받이했다.

바람이 매개자인 경우는 꽃이 크거나, 색깔이 화려하거나, 향기가 강할 필요가 없다. 그런 꽃은 수수하고 여러 개체이며, 바람에 잘 흔들리게 생겼다. 이후 곤충을 매개자로 삼는 꽃이 나타난다. 그런 꽃은 곤충을 유혹해야 하므로 바람을 이용하는 꽃보다 화려하고 향이 강하다. 이외에 물을 이용하거나, 동물을 이용하는 꽃도 있다.

세상에 정말 사람만을 위한 꽃은 없을까? 수국은 개량해서 생식기능이 없다. 오로지 꽃다발을 위해 만든 것이다. 풀 중에도 꽃무릇은 꽃가루받이하지 못하고 알뿌리로 번식한다. 어떻게 보면 이런 꽃은 사람을 위해 핀다고도 할 수 있겠다.

037

나무도 암수가 있을까?

나무도 암수가 있다. 생명체는 왜 암수로 나뉠까? 간단히 말하면 유전자의 다양성을 위해서다. 자신과 유전자가 같은 자손보다 다르게 생긴 자손을 낳고자 한다. 유전자가 같은 생명체는 생명을 위협하는 수많은 병충이나 세균, 박테리아 등의 공격에 취약하기 때문이다.

흔히 동물은 당연히 암수 구분이 있다고 생각하지만, 식물(특히 나무)도 암수가 있다는 사실은 잘 모른다. 알아도 은행나무 정도다. 하지만 주목, 뽕나무, 계수나무, 버드나무, 생강나무, 물푸레나무, 소철 등 의외로 암수딴그루(자웅이주) 나무가 꽤 많다.

암수한그루(자웅동주)라도 암꽃과 수꽃이 따로 피는 것, 꽃 하나에 암술과 수술이 따로 있는 것이 있다. 어찌 됐든 암수를 구별해서 짝짓기 할 수 있게 한다. 그게 바로 꽃가루받이다. 스스로 꽃가루받이할 수 없기에 곤충이나 바람의 도움을 받아야 한다. 간혹 상황이 좋지 않으면 제꽃가루받이(자가수분)가 되기도 한다. 나무보다 풀에서 많은 현상이다.

하지만 근본적으로 다양한 유전자를 생산하는 것이 유리해서, 곤충과 식물은 떼려야 뗄 수 없는 관계다. 그들이 협조하지 않는다면 인간을 비롯한 수많은 동물은 먹을 것이 없어진다. 우리 식탁에 올라오는 것이 대부분 꽃가루받이 후 생산되는 식물의 열매이기 때문이다.

038

녹색 꽃은 없을까?

사람들은 수많은 꽃 중에 녹색을 띤 꽃은 없다고 흔히 생각한다. 하지만 녹색 꽃도 있고, 생각보다 많다. 참나무 종류 꽃이 대표적이다. 우리가 아는 갈참나무, 신갈나무, 상수리나무, 굴참나무, 졸참나무, 떡갈나무가 모양이 비슷한 녹색 꽃이 핀다.

"애걔, 이게 무슨 꽃이야. 주렁주렁 달려서 무슨 애벌레 같기도 하고, 귀걸이 같기도 하고… 꽃이 아니잖아요?"라고 말하겠지만 엄연히 꽃이다. 꽃이 여러 송이 모여 있어서 꽃차례(화서)라고 한다.

은행나무도 암수 모두 녹색 꽃이 피고, 벼과 식물은 대부분 녹색 꽃이 핀다. 녹색 꽃은 잎과 구분이 안 돼서 눈에 띄지 않는다. 그러니 곤충을 염두에 둔 꽃이 아니고, 바람이 꽃가루받이해주는 꽃이다. 바람이 불면 꽃가루주머니(화분낭) 안에 있는 꽃가루가 날아다닌다. 봄날 송홧가루라고 아는 것이 대부분 참나무 꽃가루다. 은행나무 꽃가루도 모여서 웅덩이에 노랗게 떠 있다.

곤충에게 신세 질 일이 없으니 굳이 꽃 색깔에 투자할 까닭이 없다. 그런데도 종종 벌이 날아와서 꽃가루받이해주기도 한다. 최근에는 원예술이 발달해 녹색 꽃이 피는 장미나 수국도 있다.

039

왜 흰 꽃이 많을까?

세상에는 수많은 나무가 있고, 나무마다 다른 꽃이 핀다. 꽃 모양이나 색도 모두 다르다. 자연에서 피는 꽃 중 가장 많은 색은 뭘까? 바로 흰색이다. 흰 꽃이 왜 이렇게 많을까?

나무는 제 속에 있는 물질을 이용해서 다양한 꽃 색깔을 만들어야 한다. 안토시아닌은 주로 붉은색과 보라색, 파란색 꽃을, 카로틴은 노란색 꽃을 만든다. 흰 꽃은 오히려 색소를 없애야 한다. 색소가 없는 빈 세포가 빛을 반사해서 흰색으로 보인다. 흰 꽃은 아무 색도 없는 것이니 식물이 만들기 쉬운 색이다. 아무것도 하지 않으면 되니까.

반면 흰 꽃은 숲에서 눈에 잘 띈다. 곤충은 녹색과 붉은색을 구별하지 못한다고 한다. 숲에서 곤충에게는 흰 꽃이 오히려 눈에 잘 띄는 셈이다. 에너지가 덜 들고 곤충 눈에 잘 띄니, 흰색을 선택하지 않을 까닭이 없다. 특히 5~6월에는 잎이 자랄 만큼 자라 숲에 그림자가 져서 초록이 아니라 어두운색이 된다. 그럴 때는 흰 꽃이 더 실력을 발휘한다. 정말 이유 없는 디자인은 없다.

040

열매는 왜 모양이 다양할까?

나무 종류만큼 열매와 씨앗 종류도 많다. 가끔 비슷하게 생긴 것도 있지만, 조금씩 다르다. 식물은 주로 꽃이나 열매의 차이로 분류한다. 다른 분류 키워드도 있으나, 꽃과 열매로 분류하는 경우가 많다.

꽃이 피는 까닭은 꽃가루받이하기 위해서다. 꽃가루받이를 통해 열매가 생기고, 그 안에서 씨앗이 익어 세상에 나온다. 열매는 나무의 자손이다. 많은 후손을 만드는 게 생명의 본질이니 나무도 열심히 열매를 맺는다. 그런데 열매와 씨앗은 왜 모양이 다를까?

단풍나무 씨앗은 날개와 비슷한 게 달려서 바람을 타고 날아간다. 도토리는 동그래서 비탈진 곳을 데굴데굴 굴러가기 좋다. 도꼬마리는 갈고리가 달려서 동물 털이나 사람 옷에 붙어 멀리 간다. 이렇게 다양한 열매와 씨앗은 결국 자기 몸을 멀리멀리 이동하기 위해 그에 맞는 형태를 택한 것이다. 나무 열매를 만났을 때, "넌 어떻게 멀리 가니?" 질문하고 찬찬히 관찰하면 이동 방법과 모양이 왜 그런지 알 수 있다.

041

씨앗은 왜 멀리 가려고 할까?

"씨앗은 멀리 가려고 해. 그래서 이런 모양을 한 거야"라고 쉽게 말하지만, 왜 멀리 가려고 하는지 물으면 제대로 답하기 어렵다. 나무가 어떤 모습이든 기본 전략은 독립영양, 즉 광합성을 많이 하는 것이다. 그렇다면 광합성은 왜 할까?

첫째, 스스로 살아남기 위해 생명을 유지해야 한다. 둘째, 번식이다. 꽃을 피우고 열매를 맺고 여물게 하는 데 사용한다. 셋째, 미래를 위해 저장한다.

여기서 살펴봐야 할 것이 번식이다. 열매를 맺고 씨앗을 많이 만들면 될까?

씨앗을 '멀리' 보내야 한다. 모든 나무가 활동하는 목적은 씨앗을 멀리 보내기 위해서라고 봐도 과언이 아니다. 근처에 떨어져도 될 텐데, 왜 굳이 멀리 보내려 할까?

사람들은 엄마 나무 밑에 씨앗이 떨어지면 그늘이 지거나 양분 경쟁에 밀려 잘 자라지 못하기 때문이라고 한다. 그 말도 맞지만, 더 근본적인 이유가 있다. 멀리멀리 퍼져서 세력을 넓힌다는 것도 틀린 말은 아니다. 세를 넓히려면 일단 살아남아야 한다. 멀리 이동했는데 하필 다른 나무의 그늘에 떨어질 수도 있고, 여러 나무 틈새에 떨어져 양분 경쟁이 더 치열할 수도 있다. 그러면 살아남기 어렵지 않을까? 멀리 이동한 씨앗이 좋은 곳에 떨어져 무사히 발아하고 번식이 잘되리라는 보장이 없다. 그런데도 멀리 가려는 까닭이 있다.

종류가 같은 식물이 한곳에 모여 있다면 번식하기에 더 유리할 수 있다. 하지만 그곳에 산불이 난다면? 그곳에 병충이 창궐한다면? 그곳에 오랜 가뭄이 발생한다면?

자연에는 언제든 예기치 못한 재해가 발생할 수 있다. 그런 상황을 오랜 기간 준비하며 살아왔기에 지금까지 그 식물이 남은 것이다. 한곳에 있었다면 분명 지구의 오랜 역사 속에서 어느 시기엔가 어떤 천재지변으로 사라졌을 수도 있다. 그래서 식물은 여러 곳에 흩어져 번식한다. 한곳에 문제가 생겨도 다른 곳에서 살아남을 수 있기 때문이다. 식물이 머리를 썼다기보다 생존하다 보니 그런 개체들이 남았을 것이다. 아울러 씨앗을 먹이로 삼은 동물이 멀리 가는 데 조력자 역할을 했을 것이다. 이런 관계가 지속되다 보니 결과적으로 '팥배나무는 직박구리 같은 새들에 의해서 멀리 이동한다'는 사실이 나오는 것이다.

식물은 자기 열매나 씨앗을 멀리 이동해야 하고, 그러기 위해 다양한 이동 전략을 사용하며 그 전략에 맞게 디자인한다. 아무리 디자인을 잘해도 씨앗은 대개 엄마 나무 주변에서 멀리 벗어나지 못한다. 등나무 콩깍지가 터지면서 반발력으로 튕겨 나가는 씨앗은 2~3m 이동한다. 도토리나 밤나무 등은 비탈진 곳을 만나면 꽤 멀리 굴러갈 수 있지만, 평지에 심긴 경우 거의 엄마 나무 주변을 벗어나지 못한다.

따라서 다른 존재의 도움을 받아야 멀리 이동할 수 있다. 등나무 씨앗은 비가 오면 빗물에 의해 멀리 이동할 수 있다. 조금 이동하더라도 몇 년 뒤 그 자리에서 자란 나무가 씨앗을 3m 보내고, 다시 몇 년 뒤 다음 개체가 3m 이동하고… 이렇게 반복하다 보면 100년이 지나 수백 m를 이동하는 결과가 나온다. 새를 이용하는 나무 씨앗은 훨씬 더 극적인 결과를 얻는다.

이렇게 다양한 자연환경에 맞춰 번식해온 결과가 현재 우리가 보는 숲이고 나무다. 눈앞에 있는 나무를 볼 때 '몇 년 전 누가 심었겠지?' '어디서 날아왔겠지?' 하고 넘기지 말자. 적어도 지금 우리 곁에 있는 나무는 수천수만 년 동안 주변 환경에 적응해서 얻은 자기만의 노하우와 데이터를 잘 활용해 살아남았음을 인정하며 바라볼 필요가 있다.

042

씨앗이 돋아날 때 제일 먼저 나오는 것은?

뿌리다. 물과 양분을 흡수해야 하니 뿌리가 제일 먼저 나와 땅속으로 파고든다. 씨앗의 발아 조건 가운데 온도나 햇빛, 공기 등은 늘 존재하고, 여기에 물이 더해져야 싹이 돋아난다. 우리도 물이 없으면 죽는다. 물은 생명체에게 없어선 안 될 존재다. 움직이지 못하는 식물은 뿌리를 내린 자리에서 죽을 때까지 살아야 한다. 그 첫발이 물길을 찾아 뿌리를 뻗는 일이다.

얼마 전 TV 프로그램에서 이름만 들으면 알 만한 작가가 이런 말을 했다. "씨앗을 땅에 심으면 잎이 제일 먼저 나온다. 잎으로 광합성을 해서 뿌리도 만들고, 꽃도 만든다. 꽃을 너무 좋아하지 마라. 이파리가 서운해한다." 시청률이 꽤 놓은 프로그램이고, 당시 그 작가가 추천한 책은 베스트셀러가 됐다. 그렇게 파급력이 강한 사람이 실수했다. 그는 자연과학자가 아니니 모를 수도 있다. 지구 어딘가에는 잎이 먼저 나오는 식물도 있을 수 있다. 하지만 저명한 작가가 씨앗에서 뭐가 제일 먼저 나오는지 기본적인 생물학 정도는 알면 더 좋겠다.

043

열매가 클수록 나무의 수명이 짧을까?

열매가 크면 나무도 양분을 많이 만들어야 한다. 큰 열매는 나무에 부담이 될 수밖에 없고, 큰 열매를 맺는 나무는 수명이 짧다고 한다. 하지만 꼭 상관관계가 높다고 할 순 없다. 나무는 열매의 크기와 수를 감당할 수 있을 만큼 조절한다. 꽃눈이 너무 많으면 스스로 솎아서 필요한 만큼 열매를 맺는다. 즉 나무가 부담되는 일은 하지 않는다.

밤나무가 대추나무보다 수명이 짧은 건 맞지만, 씨앗이 작은 갯버들보다는 오래 산다. 열매가 상대적으로 큰 편에 속하는 호두나무와 은행나무도 수명이 길다. 관찰한 바에 따르면, 열매의 크기와 나무 수명의 상관관계가 그리 높지 않은 듯하다.

열매의 숫자와 수명도 마찬가지다. 열매를 많이 달면 수명이 짧다고 하는데, 꼭 그렇진 않은 것 같다. 신기하게도 유형기가 짧은 나무는 수명이 짧은 편이다. 즉 열매를 빨리 달기 시작한 나무는 수명이 짧다. 버드나무와 앵두나무 등은 몇 년 만에 열매를 만든다. 반면에 은행나무와 느티나무, 소나무 등은 10~20년이 돼야 열매를 맺는다. 성장이 빠른 동물이 수명이 짧듯, 나무도 그런 게 아닌가 싶다. 빨리빨리 가는 게 좋지만은 않다.

바늘잎나무 열매는 모두 솔방울 모양일까?

소나무처럼 잎이 뾰족하거나 편백처럼 비늘 모양으로 생긴 잎이 달린 나무를 바늘잎나무라고 한다. 모두 겉씨식물이다. 밑씨가 겉으로 나와 있는 식물이라는 뜻이다.

소나무와 잣나무, 잎갈나무, 스트로브잣나무 등은 열매가 솔방울처럼 과육이 없고 비늘이 달린 모양이다. 이렇게 생긴 열매를 구과(毬果)라고 한다. 안에 든 씨앗도 날개가 달려서 바람에 날아간다.

모든 바늘잎나무 열매가 이럴까? 그렇지 않은 열매도 있다. 은행나무가 대표적이다. 은행나무를 바늘잎나무로 볼지 따로 떼어서 볼지 의견이 다르지만, 아직 바늘잎나무로 분류한다. 은행나무 말고도 과육이 있는 열매를 만드는 바늘잎나무가 더 있다. 향나무나 노간주나무는 작고 동그란 열매가 향이 진하고, 주목은 빨간 과육이 도토리 모양 씨앗을 싸고 있는 열매를 맺는다. 비자나무나 개비자나무는 열매는 올리브처럼 생겼다. 넓은잎나무 열매라고 해도 믿을 정도다. 살구나 복숭아 같은 핵과처럼 과육이 씨앗 주변을 싸고 있다. 개비자나무 열매는 익으면 대추처럼 불그스레하고, 과육이 단맛이 난다.

바늘잎나무는 솔방울처럼 생긴 열매에 씨앗도 바람을 타고 날아갈 것 같은데, 과육이 있고 새들이 좋아할 만한 열매를 만드는 종류가 있다는 게 신기하고 놀랍다. 이런 나무는 바늘잎나무 중에서 지구에 늦게 나타났는지 모르겠다.

빨간 열매는 새를 위한 것일까?

나무 열매는 대개 빨간색으로 여문다. 나무는 왜 빨간색 열매를 만들까? 새가 다른 색보다 빨간색을 잘 보기 때문이라고 한다. 과연 그럴까?

오해가 있다. 새는 다른 색보다 빨간색을 잘 보는 게 아니라, 다른 동물에 비해 빨간색을 잘 본다. 동물은 색맹이 많다. 특히 적록색맹이다. 빨간색과 초록을 잘 구별하지 못한다.

자연에서는 새와 유인원이 녹색과 빨간색을 구별한다. 새는 모든 색을 잘 본다. 시각세포도 인간보다 훨씬 많다. 산술적으로 보면 인간보다 시력이 7.5배 좋다고 할 수 있다. 새 중에 가장 빠른 송골매는 수 km 높이에서 시속 300km 이상으로 하강하면서도 땅 아래 지나가는 사물을 본다. 그런 눈으로 살면 세상이 어떻게 보일지 궁금하다.

046

씨앗이 많은 나무가
지구를 뒤덮지 않을까?

식물은 번식이 삶의 1차 목표다. 많이 번식하려면 씨앗이 많아야 한다. 많은 씨앗이 바람을 타고 멀리멀리 날아가서 퍼지면 세상은 그 식물의 세상이 된다. 정말 그런 일이 벌어질까?

물고기가 수많은 알을 만들 듯, 씨앗을 수십만 개나 만드는 자작나무 같은 수종이 있다. 반대로 포유류가 한 번에 새끼를 몇 마리만 낳는 것처럼, 수백 개 열매만 맺는 나무도 있다.

씨앗이 많은 나무가 유리할 것 같아도 꼭 그렇진 않다. 씨앗이 많으면 발아 확률이 낮기 때문이다. 씨앗을 많이 만들다 보면 작고 가볍게 해서 멀리 날아가게 할 수 있지만, 그 씨앗에 포함된 양분이 적어서 조건이 맞지 않으면 발아가 안 된다. 씨앗을 많이 만드는 것은 발아 확률은 낮아도 수를 늘려서 번식 가능성을 높이는 나무의 전략이다.

특정한 식물 개체 수가 늘어나면 그 식물을 먹는 동물이 늘어나서 개체 수를 조절하기도 한다. 그러니 열매(혹은 씨앗)가 많다고 그 식물이 지구를 정복하는 일은 생기지 않을 것이다.

047

수많은 씨앗 중에 몇 개가 나무로 자랄까?

나무 씨앗 중에 몇 개나 나무가 될까? 정확히 알려면 특정 공간에 나무 한 그루를 심은 다음, 그 나무가 열매 맺고 씨앗이 땅에 떨어지고 그중에 몇 개가 돋아서 나무가 되는지 조사해야 한다. 그런 공간을 인공적으로 조성했다고 해도 숲과 환경이 다르니 씨앗을 옮겨줄 바람의 양과 동물의 개체 수 등이 다르고, 공간의 크기에 제약이 있고, 땅속에 얼마나 많은 씨앗이 있을지 모르니 정확히 조절할 수 없다. 따라서 인공적인 공간에서 조사하는 것은 의미가 없다.

그렇다면 자연환경에서 나무 한 그루가 만든 씨앗이 엄마 나무가 되는 개체 수를 조사해야 하는데, 역시 어렵다. 참나무라면 도토리마다 표시하고, 매일 도토리가 어디에 떨어지는지 어떤 동물이 가져가고 어디에 묻었는지 조사하고, 새싹이 돋아난 것도 바로 표시하고, 그 개체 중에 수십 년이 지나 큰 나무가 되는 것을 해마다 조사해야 한다. 바람을 타고 날아가는 열매는 현실적으로 조사할 수 없다.

자연을 오랜 시간 관찰해보면 특정한 종이 갑자기 숲을 뒤덮거나, 몇 배가 늘거나 하지 않는다. 우리나라 숲에서 신갈나무가 우점종이긴 해도 1년 만에 두 배로 늘지 않는다. 이는 나무 하나에서 떨어진 수많은 도토리 중에 극소수가 엄마 나무가 된다는 이야기다. 지나가다가 나무를 보면 기특하다고 칭찬해줄 일이다.

왜 흙을 '씨앗 은행'이라고 할까?

흙을 '씨앗(종자) 은행'이라고 한다. 영어로 seed bank다. 왜 그렇게 부를까? 땅속에 수많은 씨앗이 있기 때문이다. 아무것도 심지 않은 화분에 이듬해 풀이 자라기도 하고, 텃밭의 풀은 아무리 뽑아도 새로 돋아나고, 내가 심지 않은 나무가 마당에 자라는 것을 보면 알 수 있다.

오래전부터 흙에 층층이 씨앗이 있었다. 영국에서 보리밭 $1m^2$

를 조사한 결과, 씨앗이 무려 7만 5000종 나왔다고 한다. 다른 곳에선 조사하지 않았는지 이 자료만 보이는데, 생각보다 많아서 자꾸 이 자료를 사용하나 보다. 아무튼 7만 5000개가 아니고 7만 5000종이다. 개수는 훨씬 많다는 것이다. 풀씨와 나무씨가 섞였을 수 있지만, 땅속에 씨앗이 생각보다 많은 점은 분명하다.

집 마당에 큰 헛개나무가 한 그루 있다. 그 아래 해마다 새로운 나무와 풀이 자란다. 회화나무, 담쟁이덩굴, 호랑가시나무, 뽕나무, 벚나무, 사철나무 등 새가 먹는 열매의 주인공이다. 열매가 열리는 큰 나무 한 그루가 있다면, 이듬해 그 아래 다양한 식물이 자라는 것을 관찰할 수 있다. 큰 나무에 먹이를 먹으러 날아온 새가 다른 데서 먹은 열매 씨앗을 배설해서 그 나무 아래 다양한 나무가 자란다.

이렇게 여러 과정을 통해 흙에는 다양한 씨앗이 많다. 밭을 매거나 쟁기질할 때, 멧돼지 같은 동물이 풀뿌리를 먹으려고 땅을 팔 때 위로 올라오거나 큰 나무가 자라다가 쓰러지면 위쪽 하늘이 열리고 햇빛이 제대로 비춰 그동안 잠자던 씨앗이 발아하기도 한다. 종류가 같은 씨앗을 같은 시기에 묻어도 이듬해 모두 돋아나지 않는 점이 신기하다. 돋아나지 않던 씨앗이 이듬해나 그 이듬해 돋아나기도 한다.

왜 일제히 발아하지 않을까? 동시에 나갔다가 날씨가 안 좋아서 얼어 죽거나 가뭄으로 말라 죽으면 멸종할 수 있기 때문이다. 그래서 같은 종류라도 발아하는 시간을 달리한다. 씨앗 은행이 통화량을 조절하며 나무 시장경제를 조절하는 것 같다.

049

겨울눈은 겨울에 생길까?

나무는 풀과 달리 시들지 않고 겨울을 견디고, 이듬해 봄이면 새
싹이 자라난다. 그 새싹이 바로 겨울눈이다. 눈〔芽〕 모양으로 겨
울을 나고 그 자리에서 새싹이 나온다. 새싹이 돋았나 싶으면 쑥
길어지며 자라고, 잎과 줄기, 꽃도 나온다. 이 때문에 겨울눈을
'나무의 미래' '또 다른 씨앗'이라고 부른다.

　그렇다면 겨울눈은 언제 생길까? 이름이 겨울눈이니 겨울에 생
길까? 아니다. 새싹이 돋아날 때부터 아주 작은 겨울눈이 줄기에
붙어 있다. 그 겨울눈이 여름이면 더 자라고, 가을에는 제 모습
이 돼서 자랄 만큼 다 자란다. 그러다가 잎이 지면 비로소 존재감
을 뽐낸다. 난세에 영웅이 난다던가? 추운 겨울에 꽃과 잎이 모
두 지면 겨울눈이 남아서 나무가 살아 있음을, 이듬해 그 자리에
서 다시 생생한 줄기가 나올 것을 예고한다. 뭐든 여유 있게 준
비해서 나쁠 게 없다.

050

나무도 쓰레기를 버릴까?

나무가 광합성을 통해 배출하는 산소가 일종의 쓰레기다. 하지만 눈에 보이지 않는다. 나무는 눈에 보이는 것도 버릴까? 가장 많이 버리는 게 나뭇잎이다. 나뭇잎은 수명이 다하면 진다. 꽃도 꽃가루받이하고 나면 시들고 떨어진다. 열매도 다 익으면 씨앗이 멀리 가기 위해 떨어진다. 새싹이 나와서 자라는 것이라면 새 생명을 이어가니 좋겠지만, 그렇지 않은 씨앗이 훨씬 많다. 그들은 동물의 뱃속에서 소화가 되거나 땅에 떨어진 채 그대로 썩어 거름이 된다.

나무껍질도 가장 바깥에 있는 것부터 해마다 조금씩 벗겨져 땅에 떨어진다. 이렇게 떨어진 나무껍질은 썩어서 나무에 도움이 된다. 체격이 큰 것도 떨어진다. 바로 나뭇가지다. 나무는 필요 없는 가지는 떨어뜨린다. 아래쪽에 있는 가지는 그늘이 져서 광합성을 잘 못 하지만, 양분은 사용한다. 갖고 있어봤자 나무에게 손해다. 그래서 스스로 가지치기하는 것을 '자연 낙지'라고 한다. 나뭇가지도 땅에 떨어지면 썩어서 거름이 된다. 결론적으로 나무가 버리는 것 중에 쓸데없는 것은 없다. 나무는 재활용의 귀재다.

나무는 햇빛 없이 살 수 있을까?

식물은 햇빛이 없으면 살기 어렵다. 다만 나무마다 좋아하는 햇빛의 강도가 다르다. 햇빛이 없으면 살기 어려운 나무를 양지나무, 그늘에서도 살 수 있는 나무를 음지나무라고 한다. 건강한 숲속은 나뭇잎에 가려서 햇빛이 20~25%만 땅바닥에 이른다. 음지나무는 이 정도 햇빛으로도 살지만, 햇빛이 전혀 없는 데서는 살 수 없다.

소나무와 아까시나무, 싸리나무 등이 양지나무에 속하고, 잣나무와 단풍나무, 참나무, 서어나무 등이 음지나무에 속한다. 과거 소나무가 많던 우리나라 숲에 최근 참나무가 많은 것은 산림 토양의 변화도 크지만, 햇빛과 연관이 깊다. 참나무는 그늘에서도 자라기 때문에 출발이 늦어도 생장 속도가 소나무보다 빠르다. 어느 시점에 이르면 참나무가 소나무를 덮는데, 이 경우 소나무가 죽는다. 그렇게 오랜 시간이 지나며 참나무가 우리나라에서 가장 많은 나무가 됐다.

나무 씨앗이 멀리 가더라도 다른 나무 아래 떨어지면 결국 그늘이 져서 제대로 자라지 못할 것 같은데, 신기하게도 어린나무는 대부분 음지나무 성향을 띤다. 그늘에서 자랄 수밖에 없는 어린 시기에 햇빛이 적어도 살아가는 것이다. 원예식물 가운데 실내에서도 잘 자라는 풀이 있다. 몬스테라, 알로카시아는 굳이 밖에 내놓지 않아도 실내조명으로 자란다.

식물은 이렇게 저마다 원하는 햇빛의 양이 다르다. 하지만 빛이 없으면 자라기 어렵다. 나무는 더 어렵다. 햇빛은 나무의 밥이다.

052

숲은 왜 여름에도 시원할까?

볕이 쨍쨍한 여름 한낮에도 숲에 들어가면 시원하다. 왜 그럴까? 당연히 그늘이 져서 그렇다. 한여름 도심 아스팔트나 자동차 보닛에 달걀을 떨어뜨리면 프라이가 되는 영상을 본 적이 있을 것이다. 표면 온도는 60°C가 훨씬 넘는다. 한낮에 달궈진 지표면과 건물 외벽이 저녁까지 식지 않아서 열대야도 생긴다. 이를 복사열이라고 한다. 숲은 나뭇잎에 가려서 땅에 이르는 햇빛이 적다. 바닥에 이르는 햇빛이 적으니 달궈지지 않는다. 숲은 복사열이 적어서 열대야가 없다.

숲이 여름에도 시원한 다른 까닭은 수분 때문이다. 나무가 광합성을 할 때 빨아들인 수분을 사용하고 잎의 기공으로 배출하는데, 이를 증산작용이라고 한다. 수증기 형태로 배출한 수분은 공기 중에 기화하면서 주변의 온도를 빼앗는다. 여름날 마당에 물을 뿌리면 시원해지는 원리와 같다. 독일에서 연구한 결과, 수령이 100년 된 너도밤나무 한 그루가 한여름 하루 만에 400ℓ를 증산했다고 한다. 이외에 이끼나 지의류가 품고 있던 수분을 천천히 배출하고, 계곡이 있어서 시원하다. 심리적 이유로 시원함을 느끼기도 한다.

한여름에도 숲은 3~7°C가 낮다. 도심과 10°C 차이가 나기도 한다. 숲에서 만든 찬 공기가 도심에 바람을 일으켜 시원해지는 효과가 있다. 그래서 숲을 '천연 에어컨'이라고 부른다. 인간이 나무와 숲을 사랑하고 보존한다면 생각보다 건강하고 편하게 살 수 있다. 오래지 않아 그렇게 되리라 믿는다.

나무를 왜 '탄소 통조림'이라고 할까?

나무는 살아서 이산화탄소와 수분을 흡수해 광합성을 하고, 그
결과물로 포도당을 만들고 수분과 산소를 배출한다. 이 과정에
서 흡수한 공기 중의 이산화탄소를 이용해 몸체를 만든다. 탄소
를 몸에 쌓아두는 셈이다.

　나무가 죽으면 이산화탄소를 흡수하지 못하고, 썩으면서 나무
에 있던 탄소가 배출된다. 나무를 잘라서 건물을 짓거나 일상용품

을 만들 때는 괜찮지만, 화목(火木)으로 사용하면 불타면서 탄소가 배출된다. 최근에 탄소 중립을 위해 솎아베기한 나무가 숯을 만드는 데나 난방에 주로 쓰여, 오히려 탄소가 더 배출돼서 문제다.

현재 인간 사회에서 전기에너지가 가장 효율적이고 널리 사용된다. 그런데 전기를 만드는 곳이 주로 화력발전소다. 원자력으로도 전기를 만들고, 수력발전이나 태양광발전 같은 신·재생에너지로도 전기를 만들지만, 아직 화력발전이 가장 많다. 화력발전소에서는 불로 물을 끓여 수증기로 터빈을 돌려서 전기를 만든다. 이때 태우는 재료가 석탄과 석유, 천연가스 등이고, 석탄의 비중이 가장 크다. 석탄은 전 세계에 널리 분포하고 채굴도 쉬워서 상대적으로 저렴하기 때문이다. 석탄은 3억 년 전 나무가 만든 것이다. 석탄이 타면서 공기 중에 탄소가 엄청나게 배출된다. 탄소가 온난화의 주범으로 지목되고, 화력발전이 주요 배출원이다.

우리나라에서는 벌목해서 주로 연료로 사용하다가, 연탄이 보급되면서 나무를 덜 베고 숲이 건강해지는 데 큰 역할을 했다. 연탄은 숲을 구하기도 하고, 탄소를 배출해서 온난화를 가속하기도 한다.

살아 있는 나무는 탄소를 흡수하고, 줄기 안에 탄소를 저장하며 원통 모양이라 '탄소 통조림'이라고 부른다. 나무가 저장하는 탄소량은 보통 자기 몸무게의 절반쯤 된다. 기후변화를 멈추려면 탄소 배출량을 줄이고 조절해서 깨끗한 대기 환경을 만들어야 한다. 최근 탄소 포집기로 탄소를 잡아내지만, 효용성이 떨어지는 상황이다. 인간이 아직 나무의 능력을 넘어서지 못한다.

054

석탄이 된 건 어떤 나무일까?

우리가 사용하는 석탄은 대부분 석탄기인 3억 5920만 년부터 2억 9900만 년 전 사이, 약 6000만 년 동안 생성됐다. 무엇이 석탄이 됐을까? 정답은 리그닌을 최초로 발명한 양치식물 칼릭실론이다. 이후 신생대에 늪지에 파묻힌 나무가 석탄층을 형성해 석탄이 된 예도 있지만, 그 양은 극히 일부에 지나지 않는다.

왜 하필 딱 그 시기의 나무가 석탄이 됐을까? 지금 죽은 나무도 땅에 묻히면 수천만 년 뒤에 석탄이 될까? 두 질문의 답은 리그닌과 관계가 깊다. 당시엔 리그닌을 분해하는 미생물(흰개미, 곰팡이 등)이 없기에 가능했지만, 지금은 이들이 나무를 분해해서 썩히므로 석탄이 되지 않는다. 리그닌은 나무가 광합성을 통해 만든 물질이고, 광합성도 햇빛을 이용하니 결국 태양이 이 모든 것을 만든 셈이다. 나무, 리그닌, 석탄, 증기기관, 산업혁명, 제국주의, 발전소, 전기, 온난화… 모두 태양에서 비롯된 것임을 알면 참 신기하고 재미있다.

다른 나무를 못 살게 하는 나무도 있을까?

소나무 밑에는 다른 나무가 못 자란다고 한다. 호두나무 주변에도 다른 나무가 잘 못 자란다고 한다. 소나무와 호두나무 잎의 성분이 토양에 스며들어 다른 식물의 발생을 억제하기 때문인데, 이를 타감작용(allelopathy)이라고 한다.

그런데 왜 나무는 주변에 다른 나무가 못 자라게 할까? 나무 주변에 다른 풀이나 나무가 자라는 게 나쁠 일이 없다. 학자들도 아직 정확한 원인은 모른다고 한다. 관찰한 바에 따르면, 소나무 밑에 다른 나무가 전혀 못 자라진 않는다. 다른 토양보다 숲이 우거지진 않아도 군데군데 나무가 자란다.

나무가 의도하지 않고 타감작용을 하는 건 아닐까? 식물이 호르몬이나 내부 물질을 만들 때, 일일이 계산하고 준비했을 것 같지 않다. 한 가지 목적을 위해 호르몬을 만들었는데, 그것이 다른 작용을 할 수도 있다. 우리도 뜻하지 않은 실수로 상대방에게 피해를 주는 일이 있다. 의도하지 않고 한 일이라 서로 이해하고 용서한다. 나무도 그런 모습으로 바라보면 어떨까?

나무가 먼저일까, 풀이 먼저일까?

닭이 먼저일까, 달걀이 먼저일까? 오랜 시간 논쟁해왔으나 결론이 없는 다소 난센스 같은 질문이다. 그렇다면 진화 단계상 풀이 먼저일까, 나무가 먼저일까? 대부분 풀이 먼저라고 말한다. 현재 이끼류 같은 선태식물도 풀에 넣으니 틀린 답이 아니다. 초기 식물은 조류에서 이끼와 같은 육상식물로 진화했으니까.

"눈앞에 보이는 냉이가 먼저 생겼을까, 저기 소나무가 먼저 생겼을까?" 물으면 대부분 "냉이가 먼저"라고 한다. 틀린 답이다. 소나무는 겉씨식물이고 냉이는 속씨식물이다. 겉씨식물이 속씨식물보다 지구상에 먼저 나타났으니 소나무가 냉이보다 앞선다고 할 수 있다. 바늘잎나무는 거의 다 겉씨식물이다. 은행나무 역시 바늘잎나무냐 넓은잎나무냐 논쟁이 있지만 겉씨식물이다. 밑씨가 겉으로 드러나는 겉씨식물은 꽃가루받이가 바로 되니 좋지만, 밑씨를 공기 중에 드러내는 건 위험하다. 꽃가루받이 시간도 오래 걸려, 상대적으로 속씨식물에 비해 불리하다. 그러다 보니 겉씨식물 다음으로 속씨식물이 탄생하고 번성한 것이다.

속씨식물에는 외떡잎식물과 쌍떡잎식물이 있다. 외떡잎식물은 청미래덩굴, 청가시덩굴을 제외하고 모두 풀이다. 쌍떡잎식물은 나무와 풀로 나뉜다. 즉 속씨식물이고 쌍떡잎식물인 나무는 겉씨식물인 바늘잎나무보다 한참 늦게 나왔다. 소나무와 참나무가 나란히 있는 모습을 자주 보는데, 지구상에 출현한 시기는 1억 년쯤 차이가 난다. 소나무가 한참 선배다.

더 일찍 출현한 나무는 양치식물이다. 흔히 고사리라고 하는데, 지금과 달리 당시에는 나무고사리였다. 4억 년 전 리그닌을 최초로 만들었으니 리그닌이 있는 것을 나무라 본다면 바늘잎나무나 넓은잎나무보다, 겉씨식물이나 속씨식물보다 양치식물인 고사리가 먼저라고 할 수 있다. 칼릭실론 같은 나무고사리는 수십 m씩 자랐고, 이들이 땅에 묻혀 석탄이 됐다.

소철은 2억 9000만 년 전에 출현했다고 한다. 식물원이나 카페에서 가끔 보는 소철이 약 3억 년 전부터 있던 식물이라고 생각하면 묘한 감정이 든다. 하긴 우리가 무심히 밟고 다니는 길가의 돌멩이도 수억 년 된 것이다. 알면 귀하고 모르면 쓸모없다. 우리가 만나는 아름다움, 즐거움, 행복도 다르지 않다.

057

나무에 도넛같이 생긴 건 뭘까?

공원을 산책하다 보면 나무에 도넛처럼 생긴 것이 종종 눈에 띈다. 저건 뭘까? 나무가 제 몸에 상처가 났을 때 새살을 내서 치유하는 모습으로, '새살 고리'라고 부른다. 과수원이나 공원의 조경수, 도심의 가로수는 일정한 기간이 되면 가지치기한다. 가지치기는 나무 입장에서 상처인 셈이고, 그 자리로 세균이나 버섯 균이 침투할 수 있으니 메워야 한다. 병원에 가거나 의사 선생님이 얼른 치료해주면 좋겠지만, 나무는 그럴 수 없으니 스스로 치유해야 한다. 상처가 작으면 1년 만에 치유하고, 상처가 클수록 시간이 걸린다. 그동안 세균이 침투하지 않으면 다행이지만, 상처를 오래 방치하면 감염되기 쉽다.

　나무가 죽는 것도 나이가 들어 자연스럽게 죽은 것보다 상처 난 자리가 감염돼 썩어가는 경우가 훨씬 많다. 특히 벚나무는 새살 고리를 잘 만들지 못해, 다른 나무보다 치유 속도가 느리다. 벚나무는 가지치기하면 그 부위가 곧잘 썩는다. 일본에는 '벚나무 자르면 바보, 매실나무 안 자르면 바보'라는 속담이 있다. 도심 속 벚나무는 통행에 불편을 준다고 쉽게 가지치기한다. 곧 썩을 벚나무를 생각하면 안타까운 일이다.

　어쨌든 나무는 상처를 스스로 치유한다. 우리도 작은 상처는 병원에 가지 않아도 저절로 낫는다. 마음의 상처는 어떨까? 심리학자가 연구한 결과, 인간의 통증은 뇌에서 일어나는 작용이라고 한다. 교통사고 당했을 때나 연인과 이별한 상황에서 자극되는 뇌 부위가 같아, 실연한 사람에게 진통제를 줬는데 치유 효과가 있었다고 한다. 몸의 상처나 마음의 상처나 크게 다르지 않다. 건강한 삶을 유지한다면 마음의 상처도 잘 치유할 힘이 생길 것이다. 스스로 치유하는 나무를 보며 상처에 머무르지 않는 용기를 배워야겠다.

나무도 새끼를 낳을까?

엄밀히 말하면 새끼를 낳는 건 동물이다. 하지만 특이하게 새끼를 낳듯 번식하는 나무가 있다. 바닷가 진흙에서 자라는 맹그로브다. 보통 씨앗은 바닷물에 떠내려가 번식에 어려움이 있겠지만, 맹그로브 씨앗은 줄기에서 싹이 터 자라다가 길이 50~60cm가 되면 똑 떨어져 진흙에 꽂히고 그대로 뿌리가 돋는다.

우리가 아는 일반적인 씨앗이 아니라 살눈(주아)이 자라는 식물도 있다. 참나리 줄기나 참마 덩굴에 달리는 살눈을 본 적이 있을 것이다. 씨앗으로 번식하는 게 아니라 엄마 나무 일부분이 땅에 떨어져 새 나무가 된다고 할 수 있다. 이 과정이 마치 새끼를 낳는 것 같다.

우리나라에는 새끼 낳는 나무가 없을까? 몇 년 전에 놀라운 경험을 했다. 버드나무 아래를 걷는데 바람에 가지 하나가 똑 떨어졌다. 마른 가지가 아니라 생가지다. 그림도 그릴 겸 가져와 컵에 꽂았다. 며칠 잊고 있었는데, 하얗게 뿌리가 돋았다. 그림을 그리고 뒷마당에 심으니 쑥쑥 자랐다. 4년 만에 굵기는 내 허벅지 정도 되고, 키는 2층 건물을 넘었다. 놀라운 생장 능력이다.

그때 내가 가져온 가지 말고도 바닥에 떨어진 버드나무 생가지가 많았다. 그 가지가 물에 떨어진다면 흘러가다가 물속에서 뿌리가 돋고, 어딘가 멈추면 정착해서 자라겠구나 싶었다. 가지가 떨어져서 나무가 되니 맹그로브와 다를 바 없었다. 생각해보면 이게 꺾꽂이(삽목)다. 나무뿌리나 줄기를 땅에 찔러놓으면 거기서 뿌리가 돋고 자란다. 엄마 나무의 형질을 그대로 이어가기 좋고, 열매도 빨리 맺어서 묘목 업체가 많이 사용하는 방법이다. 꺾꽂이가 되는 것도 있고 되지 않는 것도 있다. 어쨌든 이 방법도 꽃이 열매를 맺고 씨앗으로 번식하는 게 아니라 신체 일부를 새 개체로 만드는 것이니, 맹그로브와 크게 다르지 않다.

새끼를 낳는다고 표현했지만 쉽게 말하면 무성생식이다. 동물도 무성생식이 되면 어떨까? 무성생식은 쉽게 번식하는 장점이 있지만, 부모 세대가 걸리는 병에 똑같이 걸리는 단점도 있다. 유전자의 다양성으로 환경을 이겨내는 방식도 좋다. 버드나무는 둘다 가능하기에 번식력이 뛰어나다고 할 수 있다.

나무는 왜 해거리를 할까?

올해 감나무에 가지가 찢어지게 감이 많이 열리면 "내년엔 별로 안 열리겠구나" 한다. 열매가 한 해 걸러 많이 열리거나 적게 열리는 것을 해거리(격년결과, 격년결실)라고 한다. 겨울눈에서 꽃눈이 많이 생기면 이듬해 꽃이 많이 피고 열매도 많이 달린다. 즉 이듬해 열릴 열매는 올해 나무가 결정한다. 올해 열매가 많이 열리면 에너지가 열매에 많이 가, 상대적으로 꽃눈을 적게 만든다. 이듬해에는 반대 현상이 생긴다. 그래서 해를 걸러 열매가 많거나 적어진다. 왜 처음부터 꽃눈을 적당히 만들어 사용할 에너지를 해마다 균등하게 조절하지 않고 해거리할까?

모든 수종이 해거리를 하는 건 아니다. 감나무나 참나무 등 열매를 맺는 데 양분을 많이 사용하는 나무가 주로 해거리한다. 복숭아나무나 앵두나무 등은 크게 해당이 없다고 한다.

나무가 해거리하는 정확한 원인은 아직 모른다. 몇 가지 추측 가운데 포유동물과 연관성이 있다. 도토리와 들쥐의 관계로 설명해보자. 어느 해 도토리가 아주 많이 열리면 들쥐가 그 도토리를 다 먹지 못한다. 워낙 도토리가 많으니 남기고, 남은 도토리는 싹이 돋아서 나무가 될 수 있다. 이듬해에 들쥐는 지난해 잘 먹었기에 번식을 많이 해서 숫자가 늘어난다. 참나무가 지난해와 비슷하게 도토리를 맺으면 들쥐가 모두 먹어 치운다. 이때 도토리가 적으면 들쥐는 굶어 죽는다. 들쥐는 이듬해 번식을 덜하고, 도토리가 다시 많이 열린다. 들쥐가 다 먹지 못하고 남기면 나무가 되고⋯ 이 과정을 반복하며 천적의 숫자를 조절하는 것으로 유추한다.

정확한 원인은 알 수 없지만 일리 있는 추측이다. 오랜 시간 이어온 둘의 관계를 통해 지금의 모습이 정해졌을 것이다. 자연에는 이렇게 알 수 없는 이야기가 많다. 시간을 두고 더 관찰하고 연구해서 알아낼 때가 올 것이다.

땅속에 있는 뿌리가 클까,
땅 위 줄기가 클까?

이론적으로 땅속에 있는 뿌리와 땅 위 줄기는 부피가 같아야 한다. 뿌리가 빨아들인 수분이 줄기를 거쳐 잎으로 가고 잎이 광합성을 하며 증산작용으로 배출하는데, 그 양이 비슷해야 한다. 수분이 지나가는 통로의 양이 비슷해야 하므로, 줄기와 뿌리가 뻗은 모습도 비슷해야 한다.

다만 뿌리는 줄기보다 훨씬 가늘고 길게 뻗기에, 퍼진 넓이만 따지면 뿌리가 줄기보다 길고 넓게 분포한다고 할 수 있다. 줄기는 중력에 반해서 하늘로 뻗어야 하고, 뿌리는 중력에 따라 땅속으로 뻗지만 단단한 흙을 뚫어야 하기에 뻗는 모양도 약간 다를 수 있다.

전체 무게나 부피를 따지면 아마도 비슷할 것이다. 이를 T/R율이라고 한다. 지상부(잎, 가지)와 지하부(뿌리)의 중량비를 의미하는 T/R율은 top과 root의 첫 글자를 땄다. 균형을 유지하지 못하고 땅 위 줄기 부피가 커지면 증산하는 수분량을 맞추기 위해 뿌리가 고생하고, 결국 말라 죽을 수도 있다. 옮겨심기한 나무는 자연 상태 나무보다 뿌리 부분을 짧게 자르므로 윗부분이 너무 크면 균형이 맞지 않아 가지치기를 많이 한다.

나무는 살아가기 위해 기본적으로 균형을 갖춘다. 남성과 여성, 수입과 지출, 수요와 공급, 자연과학과 인문학 등 다양한 부분에서 균형을 이야기한다. 습관처럼 균형을 말하지 말고 균형을 위해 애써야 한다. 하늘 향해 뻗은 가지만 보지 말고, 땅속에 뿌리가 있음을 새겨보자.

061

세 갈래로 자란 신갈나무는
왜 그렇게 자랐을까?

큰키나무에 속하는 신갈나무는 보통 한 줄기로 길게 자란다. 그런데 숲을 걷다가 세 갈래로 자라는 신갈나무를 만났다. 이 나무는 왜 세 갈래로 자랐을까?

나무는 나름의 인생, 아니 목생(木生)이 있다. 내가 만난 나무는 세 갈래로 나뉜 지점에서 가지가 새로 자라난 것이다. 아래 약 40cm가 원줄기, 위에서 세 줄기가 새로 돋아났다. 왜일까?

나무는 상처가 나면 새로 움이 돋는다. 옥신이라는 호르몬은 끝눈(정아)이 더 잘 자라게 하는데, 그러려면 곁눈(측아)이 자라는 걸 억제해야 한다. 보통 나무 키가 쑥쑥 자라는 것도 이 때문이다. 끝눈이 사라지면 옥신은 곁눈의 생장을 억제할 수가 없고, 움이 돋는다. 흔히 '맹아지'라고도 한다. 세 갈래로 자라는 신갈나무는 이때 움이 세 개 돋은 것이다.

무슨 일로 상처가 났을까? 사람이 베었을 수도 있고, 노루가 겨울눈을 뜯어 먹었을 수도 있고, 바람에 가지가 부러졌는지도 모른다. 정확한 사연은 알 수 없지만, 저 나무에 상처가 난 것은 틀림없다. 그 시기는 언제일까? 새로 돋아난 세 줄기를 잘라보면 나이테가 나온다. 나이테가 15개라면 대략 15년 전에 생긴 상처다.

세상 누구나 상처가 있다. 그 원인도 분명히 있다. 상처 난 자리에 머물러 상처를 되뇌지 말고, 새로운 방향으로 살아가는 게 낫지 않을까?

연리지는 한 나무가 된 걸까?

숲을 산책하다 보면 연리(連理)가 된 나무가 종종 눈에 띈다. 연리
는 두 나무가 합쳐져서 물관과 체관을 공유하며 한 나무처럼 자란
다. 그런데 우리가 보는 연리지나 연리근이 모두 하나로 합쳐져서
자라는 것은 아니다. 연리는 같은 종류끼리 된다. 밤나무와 잣나
무가 연리가 될 수 없고, 잣나무와 능소화가 연리가 될 수 없다.

종이 다른 연리 사진도 가끔 보이는데, 이는 엄밀히 말하면 연리가 아니다. 겉모습이 하나처럼 보이지만, 껍질만 벗겨도 합쳐지지 않았음을 알 수 있다. 고욤나무와 감나무처럼 접붙이기가 가능한 나무는 연리가 될 수 있다.

관찰해보면 연리는 주로 바람이 많이 부는 지역에서 발견된다. 가지끼리 마찰하며 껍질이 벗겨지고 형성층이 만나서 하나가 되고, 다시 껍질이 그 부분을 덮으면서 하나가 된다. 한 나무에서 가지끼리 연리가 되는 일은 꽤 흔하다. 다른 두 나무가 하나로 연리가 되는 경우는 드물다. 그래서인지 사람들에게 관심을 받고, 둘이 하나가 됐으니 부부 같은 나무라며 부부의 사랑을 이야기하기도 한다.

하지만 부부가 어디 하나인가? 엄연히 다른 두 인격체로서 일정 부분을 공유하고 이해하며 함께 살아가지, 하나가 된 것은 아니다. 부부에게 하나임을 강조하는 것도 옛날 방식이라고 생각한다. 둘을 자꾸 하나라고 하니 오히려 갈등이 생기고, 기대감에 못 미치면 서운하고 화가 난다. 그냥 두 사람이 서로 인정하고 바라보는 자세가 중요하지 않을까? 그런 면에서 사진에 보이는 나무가 더 부부의 모습이라고 할 수 있다. 하나로 보이지만 결코 하나가 아닌 둘.

나무에 가시는 왜 있을까?

식물 가시에 따끔하게 찔린 경험이 있을 것이다. 가시는 왜 있을까? 식물에 가시가 생기는 원인은 다양하다. 선인장처럼 기공으로 수분이 증발하는 것을 막기 위해 잎이 가시로 변한 식물도 있고, 덩굴장미처럼 줄기가 가시로 변한 식물도 있다.

나무에 난 가시는 주로 잎이나 어린줄기를 초식동물에게서 보호하기 위한 것이다. 아까시나무와 찔레, 엄나무, 탱자나무, 시무나무, 산초나무, 주엽나무 등에 가시가 있다. 산사나무나 대추나무, 매실나무 등은 잔가지가 가시처럼 생겼다. 이 경우 잎을 보호하기 위해서라기보다 포유동물이 아예 다가서지 못하게 하는 작전이 아닌가 싶다. 작은 새는 틈새로 들어올 수 있다. 열매를 먹고 번식을 돕는 새는 드나들고, 덩치가 크고 번식에 별 도움이 안 되는 동물은 접근하지 말라는 것이다. 줄기에 빼곡한 코르크층이 어린줄기와 잎을 보호하는 화살나무도 있다.

가시는 주로 어린 가지에 나서 어린줄기와 잎을 보호하고, 나무가 자라면 가시가 사라지거나 더 나지 않는다. 이와 반대 전략을 쓰는 나무도 있다. 주엽나무는 오히려 밑동에서 1~2m까지 가시가 나고, 그 위로는 가시가 나지 않는다. 어린 가지에도 가시가 없다. 어찌 된 일일까? 아마도 나무에 기어오르거나 앞발을 올리고 목을 길게 늘어뜨려 잎을 먹는 동물을 막기 위해 생긴 것 같다. 현재 그런 동물은 없다. 과거 어느 시기에 멸종하지 않았을까 싶다. 주엽나무 열매는 번식을 돕는 동물이 없는데, 그 역시 멸종한 덩치 큰 동물이 아닐까?

나무는 자신을 보호하기 위해 가시도 만든다. 나는 나를 보호하기 위해 어떤 무기를 준비해야 할까?

왜 봄에 동파할까?

숲을 산책하다가 세로로 길게 상처가 난 나무를 종종 본다. 세로로 난 상처는 번개를 맞았거나, 바람에 휘면서 껍질이 터졌거나, 동파한 경우일 수 있다. 이 가운데 동파에 따른 상처가 가장 많다. 동파는 겨울 동(冬)이 아니라 얼 동(凍)을 쓴다.

관찰한 바에 따르면 숲속보다 도심이나 공원에 동파한 나무가 많다. 껍질이 두꺼운 나무보다 얇은 나무가 쉽게 동파한다. 갈라진 방향이 주로 남쪽을 향한다는 점이 신기하다. 언뜻 생각하면 해가 잘 비치지 않는 북쪽 면이 추워서 동파할 듯한데, 오히려 따듯한 남쪽에 동파가 몰리는 까닭이 뭘까?

나무는 봄에 수액을 올려 몸이 녹으며 새싹을 틔울 준비를 한다. 이때 기온이 갑자기 영하로 내려가며 꽃샘추위가 오면 나무 속 수액이 얼면서 부피가 늘어나 껍질이 터진다. 그런데 왜 남쪽일까? 찬물보다 따뜻한 물이 빨리 어는 현상을 '음펨바 효과'라고 한다. 탄자니아의 고등학생 에라스토 음펨바가 발견해서 붙은 이름이다. 음펨바 효과로 해석하면 의문이 풀린다. 남쪽 나무껍질은 햇빛이 잘 비치면서 온도가 올라갔다가 밤에 기온이 갑자기 영하로 떨어지면서 물관이 얼어 터지는 것이다.

상처는 나무에게 손해지만, 새나 곤충에겐 맛난 수액을 공급하는 기회가 되어 좋은 일이다. 한 현상도 들여다보면 수많은 이야기가 담겨 있다. 우리가 사는 일과 다르지 않다.

가로수가 자라며 전깃줄을 들어 올릴까?

나무는 줄기가 자라는 것이 아니라 해마다 새로운 가지가 나와서 자란다. 따라서 나무가 전깃줄 아래 있어도 해마다 자라며 조금씩 전깃줄을 들어 올린다거나 언젠가 전깃줄이 끊어진다는 말은 사실이 아니다. 그러니 가로수가 전깃줄을 들어 올린다고 가지치기하지 말았으면 좋겠다.

가지와 잎이 많으면 바람이 지나갈 길이 부족하다. 태풍이라도 오면 나무줄기가 부러지거나 나무가 쓰러져서 행인이나 건물주에게 위험한 일이 벌어질까 봐 가지치기한다고도 한다. 일리 있으나, 이듬해 잘린 부분에서 맹아지가 나와 잔가지가 빽빽하게 자라고 잎도 무성해져서 오히려 태풍 피해에 노출되기 쉽다.

가로수 가지가 간판을 가려서 민원을 넣는 가게도 많다고 한다. 그러나 멋진 나무가 있는 가게에 손님이 더 많다는 연구 결과가 있다. 도심 가로수 주변 상점은 이런 점을 염두에 두고 나무를 잘라달라고 민원 넣는 일을 중단하면 좋겠다. 심어놓고 해마다 나무를 잘라서 괴롭히며 지나는 이들의 눈살을 찌푸리게 하고, 나무의 건강을 해치는 거꾸로 가는 행정은 중단해야겠다.

적절한 가지치기는 나무의 생장을 돕고 아름다운 나무를 보여줘서 사람들을 기분 좋게 할 수 있다. 원줄기만 남기고 몽땅 자르는 것은 가지치기가 아니다. 나무를 죄인처럼 참수하는 것 같아 끔찍하다. 가로수가 산소를 생산하고, 이산화탄소와 먼지를 붙잡고, 나아가 도시의 열섬 현상을 줄여준다고 한다. 이런 까닭으로 심어놓고 방해가 된다 싶으니 자른다.

깔끔하고 단정한 것을 아름답다고 인식하는 관념도 문제다. 자연은 조금 어지럽고 복잡하고 지저분한 면이 있다. 불편을 감수하고 감사히 받아들여야 하는데, 불편하지 않은 자연을 원한다. 세상에 그런 건 없다. 우리는 세상을, 자연을, 가족을 심지어 자신을 욕심 가득한 시선으로 본다. 온난화가 걱정이라면 조금 불편하게 살아야 한다. 편리하고 윤택하면서 환경도 파괴하지 않는 일은 없다. 혁신적인 기술이 나오지 않는 이상, 당분간 불편을 감내하며 살 준비를 하면 좋겠다. 가지치기하는 데도 철학이 필요한 이유다.

066

왜 나무마다 껍질이 다르게 생겼을까?

자작나무는 흰 껍질이 아름답다. 팥배나무 껍질은 회백색 자잘한 그물 무늬, 모과나무 껍질은 군복이 떠오르는 얼룩무늬다. 이렇듯 숲에서 만나는 나무마다 껍질 무늬가 다르다. 각기 다르다기보다 다른 종끼리 서로 다른 무늬다. 같은 종이 나이가 들면서 무늬가 달라지기도 한다.

나무껍질 무늬는 왜 종마다 다를까? 나이가 들면 왜 더 깊이 파이고 갈라질까? 나무껍질 무늬는 껍질눈(피목)에서 비롯되는 경우가 많다. 나무가 자라면서 껍질눈의 모양과 간격이 달라져 껍질 무늬도 달라진다. 껍질눈이 왜 그 모양과 간격을 유지하는지, 껍질눈 외에 색깔이나 코르크층의 양은 왜 다른지 정확히 알 수 없다. 하지만 나무껍질의 기능을 생각하면 유추가 가능하다.

첫째, 나무 내부의 살아 있는 조직(형성층, 물관, 체관)을 병충해에서 보호하기 위해 갑옷처럼 감싼다. 둘째, 수분 손실을 막아준다. 셋째, 껍질눈으로 호흡한다. 넷째, 어린 가지는 줄기로도 광합성을 한다.

나무껍질은 이와 같은 네 가지 기능을 한다. 너무 단단하면 호흡이 어렵고, 호흡과 광합성을 위해 너무 부드러우면 나무를 보호하지 못한다. 나무가 사는 주변 환경에 따라 현재 모양이 됐다고 유추할 수 있다. 정확히 어떤 환경에 어떻게 적응하기 위해 그런 디자인이 됐는지는 알 수 없다.

나무가 나이 들면서 부피 생장을 하므로 껍질은 밖으로 나오면서 갈라지고 파인다. 세월의 흔적으로 깊이 팬 주름살과 같다고 할까? 깊이 팬 주름살 속에 곤충이 몸을 숨기고 겨울을 난다. 빗물을 좀 더 오래 머금어서 수분을 유지하는 시간도 늘릴 수 있다. 늙는 것이 꼭 나쁘진 않다.

나무도 도박할까?

나무는 어쩌면 삶 자체가 도박인지 모른다. 실제로 돈을 걸고 내기하진 않지만, 끊임없는 확률 싸움이다. 씨앗에서 돋아나고 보니 보도블록이나 아스팔트 틈일 수도 있다. 언제 사람이나 자동차 바퀴에 밟힐지 모른다. 숲에서 태어나 초식동물에게 먹힐 수도 있고, 사람에게 꺾일 수도 있고, 바람에 상처가 날 수도 있다. 별 탈 없이 자라서 잎을 틔우고 보니 하필 그늘진 곳일 수도 있다. 꽃을 피운 곳에 곤충이 별로 없을 수도 있다. 겨우 꽃가루받이했는데 작은 열매가 성숙하기 전에 태풍을 만나 떨어질 수도 있다. 어려움을 견디고 열매가 여물어 새가 먹고 배설해서 멀리 이동할 줄 알았는데, 너구리가 아드득아드득 씹어 먹어 씨앗에 상처가 날 수도 있다.

나무는 이렇게 태어나면서 어른이 되기까지 순간순간이 도박이다. 수많은 확률을 뚫고 우리 앞에 의젓하게 선 나무를 보면 존재 자체가 로또복권에 당첨된 것이나 다름없다. 우리의 인생 또한 이런 이치에서 벗어나지 않는다. 삶이 행운이다.

068

나무에 붙은 이끼는 떼어줘야 할까?

숲속에 자라는 나무는 도심에 있는 나무보다 몸에 이끼가 많다. 특히 아래쪽에 많은데, 빗물이 위에서 아래로 흘러 가장 오래 머무르는 곳이 아래쪽이기 때문이다. 나무껍질은 코르크층이 발달해서 빗물을 스펀지처럼 일정 시간 잡고 있다. 이끼는 비가 한 번 오면 ha당 빗물 약 5만 ℓ를 잡아둔다고 한다. 1m²로 환산하면 약 5ℓ, 500ml 생수병 10개에 해당하는 양이다. 자기 몸무게보다 다섯 배 많은 물을 흡수하는 이끼가 대단하다. 이 능력으로 머금은 물을 천천히 공기 중에 배출해 숲속의 수분을 조절한다.

이끼가 덮인 숲이나 나무껍질에는 다른 이끼류, 양치류, 버섯 등 포자가 번식하기 좋다. 보통 씨앗도 메마른 땅에 떨어지면 마르지만, 이끼가 있는 땅에 떨어지면 수분이 유지되어 발아가 잘 된다. 이끼의 도움으로 살아가는 동물도 많다. 이끼도롱뇽 같은 양서류는 피부가 마르면 곤란하다. 밤이면 낙엽 속에서 기어 나와 이끼를 밟으며 사냥에 나선다. 지렁이, 달팽이, 톡토기도 이끼와 연결돼 살아간다. 곤충 애벌레는 상당수가 이끼 덕분에 수분이 마르지 않고 유지된다. 큰비가 올 때 물이 한꺼번에 불어나거나 숲 바닥이 빗물에 쓸리는 것도 이끼가 막아준다.

초록 양탄자 같은 이끼는 숲을 건강하게 해준다. 당장은 나무껍질에 붙어서 불편해 보일지 몰라도 숲 생태계에 좋은 역할을 하니, 멀리 보면 나무에게 좋다.

끈으로 나무를 죽일 수 있다고?

과거에 공원 나무마다 이름표를 붙여준 적이 있다. 지금도 붙어 있는데, 그 방식이 달라졌다. 전에는 이름표를 철사나 끈으로 나무에 묶어놓고 방치해, 끈에 졸려 죽는 나무가 많았다. 이후 용수철이나 고무줄로 바꿨지만, 언젠가 부식되어 끊어지므로 관리하고 교체해야 한다.

요즘 어린이들을 위한 밧줄 놀이터가 설치된 공원이나 숲이 자주 눈에 띄는데, 나무가 아플까 봐 천으로 감싸고 그 위에 밧줄로 묶었다. 단단하고 가는 한 줄이 아니라 두툼하게 여러 겹 감아 힘을 분산하려고 했어도, 나무는 시간이 지나면 부피 생장을 하니 물관과 체관이 제대로 생장하지 못하고 죽을 수 있다.

밧줄 놀이터를 설치할 때 유용한 방법은 아이들과 놀이한 날 바로 풀어주는 것이다. 당일에 풀지 않는다고 해도 몇 달 동안 묶어뒀다면 이후 얼마간 풀었다가 다시 묶어야 한다. 오래 설치하려면 묶기보다 나무줄기에 구멍을 내서 나사못을 박고 거기에 줄을 꿰어 쓰는 방식이 좋다. 나무는 통점(痛點)이 없고, 내부에 버섯 균이나 곰팡이가 들어가지 못하며, 이후 박은 못을 빼도 지름 1cm 내외라서 금방 치유한다. 보기 좋지 않다고 민원을 자주 넣는다는데, 나무의 생장 원리를 몰라서 벌어지는 일이다. 사진처럼 돌아가며 줄로 묶는 게 나무에 더 나쁘다. 이렇게 설치된 밧줄 놀이터를 보면 민원을 넣어야 한다.

다양한
나무에 대한
질문

참나무라는 나무가 없다?

학명이 참나무인 나무는 따로 없다. 신갈나무, 갈참나무, 굴참나무, 졸참나무, 떡갈나무, 상수리나무를 모두 참나무라고 부른다. 참외, 참새, 참마, 참깨… '참' 자가 붙는 말이 많다. 수많은 나무 중에서 이 종류 나무에 '참' 자를 붙여 흔하면서도 귀한 나무라는 뜻을 더했다. 무엇보다 쓰임새가 많아서 '진짜 나무' 참나무라는 이름으로 불린 것 같다.

갈참나무 학명이 *Quercus aliena Blume*이다. 참나무 학명에 붙은 *Quercus*는 '질이 좋다'를 뜻하는 켈트어 퀘르(quer)와 '재목'을 뜻하는 퀘즈(quez)의 합성어로, '나무의 재질이 좋다'는 의미다. 과거에 나무로 집을 짓고, 배와 가구를 만들고, 일상 용품에도 유용해서 재질이 좋은 나무라고 했을 것이다. 석기시대와 청동기시대, 철기시대를 거쳐 플라스틱 시대에 사는 인류도 순간순간 나무를 사용하지 않을 수 없다. 그 중심에 참나무가 있다.

참나무 열매 도토리는 녹말이 풍부해서 좋은 식량이고, 가축 사료로 사용되기도 했다. 참나무는 일상 도구를 만드는 데 쓰일 뿐만 아니라 목재로도 우수하다. 참나무는 화력이 좋다. 어릴 적 아궁이에 불을 지필 때 참나무가 소나무보다 조금 늦게 붙어도 한 번 붙으면 불길이 세고 오래갔다. 이를 시골말로 '불심 좋다'고 했다. 화력의 순우리말은 '불 힘'일 텐데, 일상에는 사용하지 않는 듯하다. 불심은 불교에서 말하는 불심(佛心)과 헷갈릴 수 있겠다. 은근히 오래가는 속성은 일맥상통한다.

화력이 좋으니 참나무 숯도 우수하다. 앞서 인류 문화가 석기시대에서 청동기시대, 철기시대로 발전했다고 했는데, 그 중심에 숯이 있다. 나무로만 불을 지필 때는 온도가 높지 않다. 일반 목재보다 숯에 불을 붙이고 풀무질하면 온도가 높아, 쇠도 녹인다. 불을 사용할 줄 아는 능력에서 청동기와 철기가 나오고, 도기와 자기도 나오는 것이다. 그 불길에 참나무가 중요한 역할을 한다.

전쟁할 때 철제 무기를 만들기 위해 숲을 파괴하기 시작했다. 지금은 다른 이유로 숲이 파괴된다. 인간은 끊임없이 도전하고 성취하는 과정에 자연을 이용하고 훼손하고 복구한다. 숲이 언제까지 인간의 변덕을 받아줄지 모르겠다.

'진짜 나무'는 그 유익함으로 인간을 욕망하게 한다. 이런 시대는 오히려 쓸모없음이 더 필요하지 않을까?

071

상수리나무 열매는
정말 수라상에 올랐을까?

도토리가 열리는 나무를 모두 참나무라 하고, 그중에 상수리나무 도토리(상수리)가 큰 편이다. 도토리묵을 만들려면 큰 상수리가 좋긴 하겠다.

임진왜란 당시 선조가 몽진할 때, 먹을 게 없어 도토리묵을 올렸다. 그 맛이 좋아 매일 수라상에 올리라고 해서 '상(常)수라'라고 불렸다. 이후 환궁해서 수라상에 올라온 묵을 먹으니 맛이 없더란다. "맛이 예전 같지 않으니 상수라에서 점 하나 떼어 '상수리'라고 하라"고 해서 상수리나무가 됐다고 한다. 이는 지어낸 우스개다. 도루묵 이야기에도 선조가 등장하는데, 우리 조상들에게 임진왜란과 궁궐을 버리고 피신한 임금이 각인된 탓일 것이다.

상수리나무는 한자로 '역(櫟)'이라 쓴다. 나무 옆에 즐거움이 있으니 '즐거움을 주는 나무'라는 뜻일까? 이웃 나라 일본에서는 같은 한자를 주목(イチイ)에 쓴다. 왜 그런지 알 수 없다. 또 다른 한자는 '상(橡)'이다. 아예 '상수(橡樹)'라고 하여 상수리나무를 나타낸다. 상수리나무 도토리는 '상실(橡實)'이라고 불렀다. 상실, 상실이, 상시리, 상수리… 이렇게 상수리나무가 된 것으로 보인다.

상수리나무 말고도 이름의 유래가 잘못된 나무가 많다. 나무 이름은 정확히 누가 언제 지은 게 아니라, 오랜 시간 변화를 거쳐서 현재 이름이 된 것이라 그 유래를 밝히기 어렵다. 다양한 자료로 유추할 뿐이다. 그런데도 꾸며낸 언어유희를 나무 이름 유래의 정설로 말하는 이들이 많다. 재미있는 이야기에서 끝나지 않고 정설로 받아들일 위험이 있으니 조심해야 한다.

오리나무는 5리마다 심었을까?

그럴 리 없다. 나무는 살아 있는 생명체라서 거리를 표시하기 어렵다. 오리나무에 대한 설명을 읽어보면 '이정표가 없을 때, 5리마다 이 나무를 심었다'고 한다. 말이 안 된다. 5리(약 2km)를 어떻게 알고 나무를 심었을까? 누군가 한 번은 거리를 쟀다는 뜻이다. 그러면 거기에 이정표를 세우지, 왜 굳이 살아 있는 나무를 심겠는가. 오리나무 씨앗은 바람에 날아가서 멀리 퍼지는데, 해마다 새로 돋아나는 오리나무는 누가 잘랐을까? 실제로 가능하지 않고 그런 기록도 없다. 발음이 같으니 한자로 표기하면서 비롯된 오해다.

일본은 에도(江戸)시대에 만든 이치리즈카(一里塚)가 있다. 1리마다 무덤을 만들어 거리를 표시한 것인데, 흙무더기만 쌓여 있으니 도요토미 히데요시(豊臣秀吉)가 "나무라도 하나 심어보는 게 어떤가"라고 했다. 그러자 "어떤 나무가 좋을까요?" 물었고, 그는 "좋은 나무"라고 말했다. 이때 '이이키(いいき)'라고 해야 하는데, 사투리로 '에에키'라고 말했다. 듣는 이가 '에노키(榎)'로 알아들어서 팽나무를 심었다고 한다. 그래서 팽나무가 '1리 나무'가 된다. 물론 이것도 일본에서 지어낸 이야기일 수 있다.

오리나무 종류는 습한 곳을 좋아하고, 물가에 자라는 경우가 많다. 그 주변에 오리 종류 새가 날아와서 앉았고, 이 때문에 오리가 많은 지역에 산다고 오리나무가 됐을 수 있다. 물오리나무 잎은 넓적하니 물갈퀴처럼 생겼다. 그 모양이 오리발 같아서 오리나무라고 했을 수도 있다. 오리나무는 조각용으로 많이 쓴다. 솟대 만들 때 오리 모양을 주로 깎아서 오리나무라고 할 수도 있다.

정확한 이름의 유래는 알 수 없지만, 5리마다 심어서 오리나무라는 설이 가장 타당성이 떨어진다.

사람들은 누군가 한 말을 의심하고 따져보기보다 그대로 받아들이는 경우가 많다. 심리학에서는 인간의 이런 성향을 '인지적 구두쇠(cognitive miser)'로 설명한다. 정보를 받아들일 때 그 정보가 맞는지 아닌지 탐색하고 분석하고 추론하는 과정을 거쳐야 하는데, 상당수 사람들은 그런 과정에 에너지를 사용하기보다 그냥 쉽게 받아들인다는 것이다.

적어도 자연에 대해서는 그러지 않았으면 좋겠다. 책에 있는 사실도 좋지만, 직접 가서 내 눈으로 보자. 그러려면 우선 관심이 필요하다.

073

가을에 핀 개나리는 정말 미쳤을까?

11월 어느 날, 길을 걷다가 꽃과 마주쳤다. 헉! 개나리다. 얘는 봄에 피는 꽃 아닌가? 왜 늦가을에 피었지? 곧 겨울인데…. 정신이 있는 거야, 없는 거야? 아무래도 미쳤나 보다. 이렇게 미친 개나리 이야기가 탄생했다.

뭐든 제때가 있는데, 어찌 이 개나리는 11월에 떡하니 핀단 말인가. 온난화의 영향이란 말도 한다. 과연 그럴까? "칠십 평생 이렇게 더운 여름은 처음" "내 평생 이렇게 추운 겨울은 없었다"고 하시는 어르신을 종종 뵙는다. 기록을 살펴보면 그때보다 더운 날도, 추운 겨울도 있었다. '30년 만의 추위' '50년 만의 큰비' 같은 기록이 대단해 보여도, 우리가 날씨를 기록한 지 얼마 안 됐다. 기록한 역사에서 가장 많다, 춥다, 덥다는 얘기지 인류가 존재한 수천수만 년 전에 어찌 더한 날이 없었을까?

우리는 최근의 일을 잘 기억하고, 과거는 잊기 쉽다. 당시엔 일하느라 바빠 날씨가 추운지 더운지, 눈이 내렸는지, 꽃이 피었는지 제대로 살펴볼 여유가 없었다. 개나리는 예부터 가을에도 피었으니 온난화의 영향은 아니다. 살충제나 다른 외부 요인도 아닐 것이다. 개나리뿐만 아니라 봄에 피는 다른 꽃이 가을에 피기도 한다. 왜 그럴까?

나뭇잎과 꽃잎은 원래 자신과 다른 형태를 띠기도 한다. 실수라고 할 수 있다. 유전자의 실수, 즉 돌연변이다. 개화는 온도와 일조량의 영향을 받는다. 개나리는 온도나 일조량이 봄과 비슷한 가을을 봄으로 착각한 것이다. 위대한 자연이 왜 이런 실수를 할까? 정확한 원인은 모르지만, 언제고 변할 수 있는 지구 환경에 대비하는 것은 아닐까? 오히려 실수를 통해 멸종을 막고 생명을 이어가려는 전략은 아닐까? 지금은 틀리지만, 언젠가 맞는 날이 오지 않을까? 실수를, 남과 다름을 두려워하거나 피하지 말자. 실수는 위대하니까.

모란은 정말 향기가 없을까?

모란은 향기가 있다. 모란이 향기가 없다는 말은 선덕여왕 이야기에서 비롯됐다. 모란은 부귀영화를 상징하는 꽃이고, 벌과 나비를 그리면 특정 나이를 한정하는 의미가 되어 모란도에 벌과 나비를 그리지 않는다고 한다. 이 사실을 모르는 사람이나 민간으로 전해지며 모란도에 벌과 나비가 추가되기도 한다. 이제 모란이 향기가 없다는 이야기의 출처를 찾아보자.

1145년 김부식이 쓴 《삼국사기》에 선덕여왕의 공주 시절 일화가 있다. 당나라에서 보낸 모란도를 보고 선덕여왕이 "비록 꽃은 고우나 그림에 나비가 없으니 반드시 향기가 없을 것이다"라고 했는데, 씨앗을 심어본즉 과연 향기가 없었다. 이에 선덕여왕의 영민함에 모두 탄복했다고 한다. 1280~1283년 일연이 쓴 것을 제자가 1310년대에 간행했다고 알려진 《삼국유사》에도 비슷한 이야기가 있다. 다른 점은 공주 시절이 아니라 선덕여왕 즉위식에 당 태종이 보낸 선물로 나온다.

둘 다 647년에 선덕여왕이 승하하고 500~600년이 지난 시점의 기록이다. 비슷한 시기에 썼는데 하나는 공주 시절이고, 다른 하나는 즉위할 때다. 즉 정확한 기록이 아니라 전해오는 이야기를 채록한 것이다. 신빙성이 떨어질 수밖에 없다. 요즘도 한두 해 지나면 사실관계가 헷갈리는데, 삼국시대 일을 고려 때 어찌 정확히 기록할 수 있었겠는가. 세간에 떠도는 이야기를 정리한 것에 불과할 테다. 선덕여왕은 한국사에서 첫 여왕이다. 정당성을 부여하려면 그녀가 뛰어난 인물임을 강조해야 한다. 그래서 선덕여왕의 현명함에 대한 일화를 널리 알렸고, 그 일화가 인구에 회자돼 고려 시대까지 전해졌을 것이다.

지나다가 모란이 있거든 향기를 맡아보자. 자연은 책으로 공부하는 것도 의미 있지만, 직접 경험하는 것이 가장 좋다.

075

능소화 꽃가루가 눈멀게 할까?

능소화는 무더위에도 굴하지 않고 정열적으로 다홍색 꽃을 피워낸다. 화려하기 그지없으나 꽃가루가 눈에 들어가면 실명한다는 말이 있다. 과연 그럴까? 전혀 근거 없는 이야기다. 누군가 한 농담이나 잘못된 정보를 다른 이가 의심 없이 받아들이고 주변에 알리는 과정이 반복되며 사실처럼 받아들였을 것이다. 능소화는 과거에 '양반 꽃'이라고 해서 아무나 심지 못하게 했다고도 한다. 역시 사실인지 알 수 없지만, 그만큼 꽃이 화려하다. 그러다 보니 유언비어가 생기는 듯싶다.

우리는 유명한 전문가의 말이나 언론 매체에 소개된 내용을 곧이곧대로 믿는 경우가 많다. 하지만 수많은 정보가 어떤 기준으로 조사했고, 어떤 관점으로 해석했느냐에 따라 같은 내용임에도 다르게 읽힐 수 있다. 정보를 확인하지 않고 그대로 받아들이면 틀리는 경우가 종종 있다. 시대가 지날수록 다양한 매체에서 갖가지 이야기를 쏟아내니, 어느 하나에 매몰되지 말고 다양한 정보를 다양한 시각으로 접하고 균형을 유지하면 좋겠다. 그러기 위해서는 "정말?" "어디에 나왔지?" 되묻고 확인하는 자세가 중요하다.

벚꽃은 왜 한꺼번에 필까?

일본 왕벚나무는 모두 꺾꽂이로 만든 클론*이라고 한다. 그래서 유전형질이 같으니 꽃이 피고 지는 시기도 같다고 한다. 이는 질문에 대한 근본적인 답이 아니다. 우리나라 왕벚나무는 클론이 아닌데 꽃이 한꺼번에 피고 지기 때문이다.

이 질문에 근본적인 답은 꽃가루받이 확률을 높이기 위해서다. 벚꽃이 동시에 피면 덩치가 큰 나무에 수십만 송이가 피고, 그런 나무가 늘어섰으니 얼마나 밝고 화려할까? 우리뿐만 아니라 벌에게도 그렇다. 주변에 있는 벌이 한꺼번에 몰린다. 그러다 보면 꽃가루받이가 잘된다.

무궁화는 꽃이 한 송이씩 교대로 오랫동안 핀다. 왜 그럴까? 꽃가루받이 확률을 높이기 위해서다. 어? 정반대인데 왜 꽃가루받이 확률이 높아지지? 무궁화는 키가 아주 크지 않고, 꽃이 한꺼번에 핀다고 해도 벚꽃처럼 화려하지 않다. 동시에 피었다가 지면 그사이에 벌이 날아오지 않아 꽃가루받이 안 된 꽃이 많이 생길 수 있다. 그러므로 조금씩 오랫동안 적은 벌이라도 찾아와서 꽃가루받이하게 한다.

삶의 방식이 반대인데 결과적으로 같은 목적을 이룬다는 점이 신기하다. 어찌 꽃에만 해당할까? 세상 모든 이치가 이와 같을 것이다. 남과 다르다고 불안해할 필요가 없다.

---

* 생물학 용어. DNA가 동일하거나 거의 동일한 개체를 여러 개 만드는 행위를 클로닝(cloning), 그렇게 만든 개체를 클론(clone)이라 한다.

왕벚나무 원산지는 일본일까, 한국일까?

벚나무가 일본의 국화라고 아는 이가 많다. 하지만 일본에는 국
화가 없다. 일본인조차 자기 나라 국화가 벚꽃이라고 여긴다니
그만큼 사랑받는 꽃이다. 일본인의 벚꽃 사랑은 오래전부터 시작
됐다. 《만요슈(萬葉集)》*에 실린 시가 4000여 수에도 벚꽃의 아름

---

* 8세기 나라(奈良) 시대에 편찬된 시가 모음집. 우리나라에서는 만엽집이라고
  한다.

다움을 노래한 작품이 꽤 있다고 한다. 일본인은 벚꽃을 사랑해 온 시기를 넷으로 나누기도 한다. 그중 3기에 해당하는 에도시대 에는 벚나무 품종을 대량 개발했다. 이러니 일본인의 정서에 벚 꽃이 깊이 자리할 수밖에 없다.

일제는 조선 땅에 들어오면서 사랑하는 벚꽃을 계속 보기 위해 벚나무를 심기 시작했다. 벚나무 중 당연히 왕벚나무를 심었다. 해방 이후 일제 문화를 청산하기 위해 왕벚나무를 제거하자는 의 견이 여기저기서 나왔는데, 알아보니 왕벚나무 자생지가 제주도 다. 그러니 왕벚나무를 베어내지 않아도 되고, 아름다운 꽃을 보 려고 계속 심었다.

미국 워싱턴DC의 벚꽃축제가 유명한데, 그곳에 있는 벚나무도 제주도산 왕벚나무다. 1910년 일본이 '미일 우호'를 기념해 왕벚나 무 2000그루를 보냈으나 병충해로 모두 소각하고, 1912년 제주도 왕벚나무를 다시 보내서 지금까지 살아남았다고 한다.

1908년 한라산 일대에서 프랑스인 신부 에밀 타케(Émile Joseph Taquet)가 수령 450년 된 왕벚나무 두 그루의 자생지를 발견해서 독일 식물학자 쾨네(Bernhard Adalbert Emil Koehne) 박사에게 보고 했다. 이후 표본을 채취해 검사해보니 워싱턴의 벚나무와 유전자 가 일치했다. 1932년 교토대학교 고이즈미 겐이치(小泉源一) 박사 가 한라산 600m 고지에서 왕벚나무 자생지를 확인했다. 이후 일 본에서는 수십 년간 아무런 반응이 없다가 2016년에야 두 나라 왕벚나무의 유전자가 다르다고 발표했다.

제주도의 왕벚나무는 올벚나무와 산벚나무가 자연 상태에서 꽃

가루받이해 왕벚나무가 됐고, 일본의 왕벚나무는 올벚나무와 오시마(大島)벚나무를 인공으로 꽃가루받이해서 만들었다고 한다. 도쿄에서 동쪽으로 약 100km 떨어진 화산섬 오시마는 수령 800~900년으로 추정되는 오시마벚나무의 자생지다. 오시마벚나무는 특별천연기념물로 지정·보호된다.

2018년 국립수목원에서도 자체 조사를 통해 제주도와 일본의 왕벚나무가 유전적으로 다른 종이라고 인정했다. 왕벚나무의 원산지 논쟁은 이처럼 싱겁게 끝났다. 하지만 여전히 많은 사람이 이 사실을 인정하지 않는다. 제주도 왕벚나무는 자생종이고, 일본 왕벚나무는 개량종이니 자생하는 제주도를 원산지로 봐야 한다는 것이다. 표본 채취를 광범위하게 하지 않았고, 일본에서 채집한 왕벚나무가 오래전부터 그곳에서 자란 왕벚나무가 맞는지,

최근 인공으로 꽃가루받이해서 제출한 것은 아닌지 사실관계도 정확히 알 수 없다.

식물은 그냥 식물인데 왜 국경을 정해서 우리 것이라고 주장할까? 나 역시 토종이나 자생종 논란을 좋아하지 않는다. 하지만 일본에서 그것을 중요시하고 자기네 것이라고 주장하면 우리도 조사해보니 너희 것이 아니라고 말할 필요는 있다고 본다. 우리 것인지 너희 것인지보다 우리가 왕벚나무를 얼마나 사랑하느냐가 중요하다.

얼마 전에 제주 신례리 왕벚나무 자생지(천연기념물)에 가보니 아무도 오는 이가 없고, 어두운 숲이 무서웠다. 우리 것이라고 주장하는 데서 그치지 말고 사랑하고 가꾸고 알려야겠다.

078

아까시나무는 정말 나쁜 나무일까?

아까시나무를 아직 아카시아로 알고 있는 사람이 많다. 아카시아는 오스트레일리아나 아프리카 대륙에 많고, 우리나라에서는 식물원 온실에 가야 만나는 나무다. 아까시나무 학명 *Robinia pseudoacacia* 에서 pseudo는 '가짜의' '비슷한'이라는 뜻이다. 일본에서도 '가짜' 라는 뜻이 있는 니세(贋)를 붙여서 '니세아카시아'라고 한다. 이것이 우리나라로 오면서 pseudo나 贋가 떨어지고 아카시아만 남았으니, 아까시나무로 부르는 게 맞다.

아까시나무에 대해서는 오해가 참 많다. '일본인이 패망하고 돌아갈 때 우리나라 산림을 파괴할 목적으로 항공기에서 씨앗을 뿌렸다, 다른 나무를 못 살게 한다, 조상 무덤을 파고들어 관을 꽁꽁 감아버린다, 아무리 죽이려고 해도 죽일 수 없다, 경제적인 가치가 전혀 없다…' 좋지 않은 말은 다 모아났다. 나무를 이렇게 미워할 수가 없다. 이런 가짜 뉴스는 모두 오해에서 비롯됐다.

아까시나무를 일제강점기에 들여온 건 맞지만, 전국에 대대적으로 심은 건 우리 정부다. 황폐한 숲을 복구하기 위해 기름진 땅이 아니어도 잘 자랄 나무가 필요했다. 아까시나무만큼 적합한 나무가 없었다. 아까시나무는 콩과 식물이라 뿌리혹박테리아가 땅을 기름지게 하고, 수명도 100년 안팎이다. 숲을 건강하게 하고 사라지는 개척 정신이 강한 나무다. 양봉업자에게 아까시나무만큼 좋은 나무가 없다. 밀원식물로서 굳건히 1위 자리를 차지한다. 거름을 주거나 관리하지 않아도 되니 경제적 가치가 높다고 할 수 있다. 다른 오해도 아까시나무의 특성이긴 하나 과장되거나 잘못된 생각에서 비롯된 것이 많다.

우리에게 아낌없이 주고 가는 나무를 나쁜 나무로 몰아가는 인간이야말로 배은망덕한 존재가 아닐까? 수많은 오해에도 굴하지 않고 꿋꿋이 자라는 아까시나무가 고마울 뿐이다.

단풍 씨앗을 보고 헬리콥터를 발명했다?

단풍나무에는 'ㅅ 자형' 열매가 달렸다. 씨앗을 싸는 열매가 날개 같은 모양이라 바람에 날아간다. 그런데 어떤 방식으로 날아가는지 잘못 알고 있는 사람이 많다. 심지어 자연 교육 전문가나 과학자도 잘못 알고, 서점에서 만나는 동화책이나 그림책도 상당수가 잘못됐다.

흔히 단풍나무 열매 두 개가 붙어서 프로펠러처럼 난다고 한다. 그렇지 않다. 한 개씩 떨어져서 날아간다. 열매 하나가 빙글빙글 돌면서 날아가는데 어떻게 회전할까? 열매 단면을 잘라보면 두께 차이가 난다. 비행기나 새 날개의 두께 차이로 양력이 생기듯, 단풍나무 열매도 두께 차이로 회전력이 생긴다.

단풍나무 열매가 날아가는 이치로 프로펠러를 발명했다고 하지만, 아무 데도 기록이 없다. 비행기나 헬리콥터의 프로펠러보다 먼저 비행선에 프로펠러가 있었고, 비행선보다 증기선에 스크루를 먼저 사용했다. 스크루 프로펠러(screw propeller)라고 하는데, 이는 고대 그리스 과학자 아르키메데스가 발명했다고 알려진 나선형 수차에서 비롯했다고 한다. 수차 역시 아르키메데스 이전에 사용했으리라 추정해서 정확한 발명 시기는 알 수 없다. 단풍 열매를 보고 헬리콥터를 발명했다는 이야기는 회전하는 원리가 같다 보니 극적인 느낌을 주기 위해 지어낸 것으로 보인다.

080

은행은 누가 먹을까?

어떤 열매라도 멀리 보내줄 대상이 있다. 열매는 바람이나 물 혹은 동물처럼 다양한 주변 환경에 따라 씨앗을 멀리 보낼 작전을 세운다. 은행나무 역시 씨앗을 멀리 보내줄 대상이 필요하다. 은행은 과육이 있고 안에 씨앗이 든 핵과다. 씨앗이 크고 과육이 있어서 바람이나 물이 멀리 보내줄 수 없고, 새가 먹기에도 맛없고 크다.

가을이면 사람들은 길바닥에 떨어진 은행을 밟지 않으려고 애쓴다. 은행에서 구린내가 나기 때문이다. 과연 누가 이 냄새 나는 열매를 먹어서 멀리 보내줄까?

은행나무가 2억 년이 넘는 시간 동안 살아왔다는 점을 생각해보자. 2억 년 전에는 지금의 포유류가 없었다. 그렇다면 누가 은행을 먹어서 씨앗을 멀리 보내줬을까? 아마도 어떤 초식 공룡이 은행을 먹어서 번식을 도왔고, 구린내 나는 은행이 소화를 돕는 작용을 했으리라고 추측한다.

공룡이 사라진 지금은 누가 은행을 먹을까? 요즘 숲에서는 너구리가 은행을 먹고, 하얗게 씨앗만 배설한다. 숲을 산책하다 무더기로 모인 은행을 보면 너구리가 먹고 싼 똥이라고 생각해도 된다. 너구리는 식탐이 많다. 구린내 나는 은행까지 먹다니. 공룡이 사라진 지금, 너구리 덕분에 은행이 멀리 이동할 수 있다는 게 그나마 반가운 일이다.

대나무는 나무일까, 풀일까?

대나무는 이름에 나무가 들어가니 나무일까? 해마다 부피가 커지지 않고 나이테도 없으니 풀일까?

우리는 식물을 풀과 나무로 나눈다. 먼저 풀과 나무를 어떻게 구분하는지 알아보자. 고사리 같은 양치식물부터 풀로 보기도 하고, 이끼 같은 선태식물부터 풀로 보기도 한다. 사실 어느 것부터 풀이라고 할지 명확하지 않다. 흔히 우리가 말하는 풀과 나무는 종자식물 안에서 이야기하는 게 좋을 듯싶다. 나무는 부름켜가 있어서 해마다 부피 생장을 하니 나이테가 있고, 한 해만 살고 죽는 게 아니니 겨울눈도 있다. 셀룰로오스와 리그닌으로 구성된다. 풀은 부피 생장을 하지 않고, 리그닌이 없다.

그런데 이런 조건만으로 구분하기엔 모호한 부분이 있다. 대나무는 부름켜가 없지만 리그닌은 있어 둘 중 뭐라고 말하기 어렵다. 식물학자 중에는 대나무가 단단해서 나무와 비슷하지만, 꽃이 피고 열매가 맺힌 뒤에 죽는 생태적 특징은 여러해살이풀로 보는 게 맞는다고 하는 이가 많다. 일각에는 둘 중 하나로 나누지 말고 대나무는 그냥 대나무라고 하자는 의견도 있다.

이분법적으로 나눠선 안 되는 경우가 의외로 많다. 우리가 공부하기 편하라고 나누는 것뿐, 대나무는 그냥 대나무다. 조만간 분류학계에서 '대나무는 풀도 나무도 아니라 그냥 대나무'다 하고 발표할 날이 올 것이다.

082

동백꽃이 동백꽃이 아니다?

동백꽃이 동백꽃이 아니라니, 이게 무슨 말일까? 학교 다닐 때 배운 김유정의 단편소설 〈동백꽃〉에 나오는 동백꽃이 우리가 아는 동백꽃이 아니다. 우리는 보통 제주도나 남해안에 자라고 빨간 꽃이 피는 나무를 동백나무로 알고 있다. 김유정의 소설에 나오는 동백꽃은 조금 다르다.

"닭 죽은 건 염려 말아. 내 안 이를 테니."

그리고 뭣에 떠밀렸는지 나의 어깨를 짚은 채 그대로 픽 쓰러진다. 그 바람에 나의 몸뚱이도 겹쳐서 쓰러지며 한창 피어 퍼드러진 노란 동백꽃 속으로 푹 파묻혀버렸다.

알싸한 그리고 향긋한 그 내음새에 나는 땅이 꺼지는 듯이 온 정신이 아찔하였다.

이런 구절이 나온다. 노란 동백꽃이라니, 새로운 품종이라도 있단 말인가? 아니다. 여기 나온 동백꽃은 생강나무 꽃이다.

동백 씨앗은 기름을 짜서 사용했다. 동백기름은 피부에 바르면 수분을 유지하는 데 좋고, 가구에 바르면 나뭇결이 멋지게 살아난다. 우리나라에서는 머릿기름으로 많이 사용했는데, 강원도에는 동백나무가 없으니 동백기름이 비쌌다. 그러니 동백기름을 대체할 게 필요했다. 생강나무 씨앗을 볶아서 동백기름을 대신할 기름을 짰고, 쪽동백나무나 때죽나무 씨앗도 동백 씨앗 대신 사용했다고 한다.

이렇게 아쉬운 대로 새것을 만들어 사용하는 것도 창조적인 행위다. 시간이 흐르면 어느 것이 원조인지 순서가 달라지거나 헷갈리는 경우가 생긴다. 세상엔 이런 이야기가 아주 많다.

083

개나리도 열매가 있을까?

개나리 열매를 본 적이 있는지 물으면 대부분 없다고 한다. 인터넷에 '연교(連翹)'라고 입력하면 나오는 이미지가 개나리 열매다. 목이 아플 때 약국에서 사 먹는 '은교산'의 주성분이 연교다.

개나리는 꽃이 피니 당연히 열매도 있다. 그런데 우리는 왜 개나리 열매를 볼 수 없었을까? 개나리는 암수딴그루인 은행나무처럼 두 종류가 있다. 하지만 암수딴그루는 아니다. 한 개체는 암술이 길고 수술이 짧은 '장주화'가 피고, 다른 개체는 암술이 짧고 수술이 긴 '단주화'가 핀다. 같은 개체끼리는 꽃가루받이가 되지 않는다. 다른 개체의 꽃가루를 묻혀야 꽃가루받이가 되고 열매를 맺는다. 여러해살이풀인 앵초도 꽃의 종류가 이렇게 나뉜다.

개나리는 꺾꽂이가 되는 나무다. 친구 집에 놀러 갔다가 개나리가 예뻐서 가지 하나 꺾어다가 자기 집 마당에 꽂아두면 산다. 이렇게 번식하다 보니 한 동네에 한 종류 꽃이 피는 개체만 번성하기 일쑤고, 꽃가루받이가 잘되지 않는다. 하지만 열매를 전혀 볼 수 없는 것도 아니다. 개나리가 군락을 이루는 곳에 가면 꼭 열매 몇 개는 찾아낼 수 있다.

봄 하면 누구나 떠올리고 주택가에 흔하디흔한 개나리지만, 그 열매를 보려면 꽤 관심과 노력이 필요하다. 걷다가 개나리를 만나거든 보물찾기라도 하듯 열매를 찾아보자.

084

목련은 왜 잎보다 꽃이 먼저 필까?

식물의 몸은 뿌리, 줄기, 잎, 꽃, 열매 등 여러 기관으로 구성된다. 뿌리와 줄기, 잎은 영양을 책임지고, 꽃과 열매는 번식을 책임진다. 잎과 꽃 중에 누가 먼저 돋아나는가 하는 문제는 식물 입장에서 양분을 먼저 만들까, 꽃가루받이를 먼저 할까 선택한 것이다. 잎이 먼저 나오면 광합성을 통해 만든 양분으로 꽃을 피우고 생장하겠다는 전략이다. 꽃이 먼저 나오면 다른 식물보다 빨리 곤충을 불러 꽃가루받이하고, 이후 느긋하게 잎을 만들어 열매를 살찌우고 생장도 하겠다는 전략이다.

사람으로 치면 안정적인 경제력을 갖추고 나서 아이를 갖는 것과 아이를 먼저 갖고 차근차근 살림살이를 장만해가는 것에 비유할 수 있다. 우리는 결혼식도 해야 하고, 직장도 다녀야 하고, 집안 살림도 꾸려야 해서 아이 먼저 갖는 것을 좀 꺼릴 수 있지만, 나무 입장에서는 둘의 차이가 크지 않다.

어느 것이 옳다 그르다, 유리하다 불리하다고 말하기 어렵다. 그냥 식물의 선택이다. 사는 곳의 환경이 조금이라도 자신에게 유리하면 그쪽을 선택하는 것이다. 오랜 시간 그렇게 적응해온 결과다. 어느 쪽을 선택하든 순서의 문제지, 나무의 생장이나 번식에 큰 영향을 주지 않는다.

편백은 정말 피톤치드가
가장 많은 나무일까?

피톤치드는 나무가 벌레나 세균, 곰팡이, 박테리아 등을 막기 위해 내뿜는 다양한 휘발성 물질이다. 피톤치드에 속하는 성분이 수백 가지라서 나무마다 조금씩 그 양이 다른데, 편백에서 피톤치드가 가장 많이 나오는 것으로 알려졌다. 하지만 수년 전 국내 연구진이 조사한 바에 따르면, 소나무 숲이 편백 숲보다 피톤치드 양이 많았다. 소나무 숲이 5.29ng(나노그램)/m³, 편백 숲이 평균 4.93ng/m³였다고 한다. 최근 전남 지역 난대림이 소나무 숲보다 피톤치드 양이 3.6배 많다는 기사가 보도되기도 했다. 도대체 어떤 정보가 맞을까?

이런 측정은 시간과 장소, 어떤 성분을 위주로 검사했느냐에 따라 편차가 있다. 나무마다 차이가 있다고 해도 수십 배나 되진 않을 것이다. 그러니 어쩌다 한 번 멀리 편백 숲이 있는 휴양림을 찾아가기보다 가까운 동네 숲에 자주 가는 게 좋다.

편백으로 지은 집이나 가구에서 피톤치드가 나온다는 말도 있다. 나무가 죽으면 살균 물질이 만들어지지 않는다. 즉 편백으로 만든 가구나 집에서 피톤치드가 나오지 않으니, 집 안에서 삼림욕을 하기는 불가능하다. 목재에 남은 휘발성 물질이 건조 과정에서 일부 나올 수 있지만, 시간이 지나면 피톤치드는 나오지 않을 것이다. 피톤치드 양에 연연하지 말고 자주 숲을 산책하며 다양한 자연을 만나는 것이 건강에 훨씬 좋은 방법이다.

086

소나무도 꽃이 필까?

대다수 식물은 꽃이 핀다. 특히 나무는 거의 다 꽃이 핀다. 소나무는 겉씨식물이라서 우리가 흔히 아는 매화, 진달래꽃, 벚꽃처럼 꽃잎이 있는 꽃이 피지 않는다. 소나무와 잣나무, 향나무, 삼나무 등 바늘잎나무는 우리가 아는 모양과 다른 꽃이 핀다.

소나무는 수꽃이 먼저 피어 노란 꽃가루를 세상에 뿌리고 수꽃차례가 시들시들해지면 암꽃이 핀다. 수꽃보다 위쪽에 피어 제꽃가루받이를 피한다. 어떤 이들은 이를 수꽃이 나무 아래쪽에 피고 암꽃이 위쪽에 핀다고 생각하는데, 나무 전체가 아니라 새 가지에서 아래쪽, 위쪽이다. 하지만 이 방법보다 시간 차이를 둬서 제꽃가루받이를 피한다.

넓은잎나무 중에도 자작나무과나 참나무과처럼 바람의 도움을 받아 꽃가루받이하는 종류는 애벌레 같은 수꽃차례가 주렁주렁 달려, 이게 꽃인가 싶다. 바람 부는 봄날에 소나무와 참나무, 은행나무 등의 꽃가루가 안개처럼 날린다. 비라도 오면 물이 고인 곳에 노랗게 테두리가 생길 정도다. 손으로 찍어보면 노란 물감 같고, 종이에 발라보면 영락없이 노란 물감이다. 이렇게 세상에 뿌려진 많은 꽃가루 중 일부가 암꽃머리에 묻어 꽃가루받이가 된다.

소나무 암꽃머리에 묻은 수꽃가루가 꽃가루받이하려면 2년이 걸린다고 한다. 어찌 보면 임신 기간이 2년이라는 얘기다. 사람의 임신 기간이 280일인데, 식물이 2년이라니… 생각해보면 참 신비하고 놀랍다.

암꽃 모양을 잘 보면 솔방울의 축소판이다. 겉씨식물은 밑씨가 겉에 있어서 그런지 암꽃 모양이 열매 모양으로 이어진다. 우리 어머니는 알에서 새끼 악어가 깨어나는 다큐멘터리를 보시고 "뭔 동물이든지 새끼 때는 다 이쁘당께" 하셨다. 동물뿐만 아니라 이제 막 꽃가루받이해서 맺힌 어린 솔방울도 귀엽다.

솔방울이 많이 달리면 아픈 소나무일까?

그렇다. 나무는 해마다 열매를 만드는데, 갑자기 몸이 안 좋거나 죽음이 임박하면 꽃눈을 많이 만들어서 결과적으로 열매가 많아진다. 상처를 치유하는 호르몬이 꽃눈을 더 많이 만들게 한다. 결국은 번식을 위해 씨앗을 많이 만들려는 목적일 텐데, 몇 개가 많은 것인지 기준이 없다는 게 문제다.

그리고 주로 파란 솔방울을 관찰해야 하는데, 갈색 솔방울을 보고 솔방울이 많다고 한다. 갈색 솔방울은 수년 전에 씨앗을 다 날리고 남은 쭉정이라, 그 개수를 세어봤자 통계자료에 쓸 수 없다.

우리는 '너무 많다' '너무 적다'는 말을 많이 한다. 이때 기준이 있어야 한다. 기준 없이 많다거나 적다고 판단하긴 어렵다. 전국에서 수령이 비슷한 소나무가 매단 열매를 세고 평균값을 구해야 한다. 그리고 눈앞에 보이는 소나무 수령을 알아보고 솔방울 개수를 센 다음, 평균에 비해 많은지 적은지 판단해야 한다. 눈어림과 자신의 감성으로 많다거나 적다고 말하면 안 된다. 어떤 자료를 뒤져도 소나무가 수령에 따라 솔방울을 몇 개 매다는지 나오지 않는다. 그렇다면 관심 있는 사람이 해야 한다. 집 근처 소나무 몇 그루라도 직접 세어보자. 작은 행동에서 큰 결과가 나올 수 있다.

088

사철나무는 왜 항상 푸를까?

소나무는 바늘잎나무라서 늘푸른나무인 것이 이해가 된다. 그런데 넓은잎나무이면서 늘푸른나무도 있다. 사철나무가 대표적이고, 동백나무와 가시나무 등이 있다.

잎은 수명이 있다. 갈잎나무는 보통 잎의 수명이 6~7개월이지만, 늘푸른나무는 2~3년이다. 주목은 잎이 7년이나 붙어 있다. 잎이 떨어지지 않으니 늘 푸른 것이다. 그렇다면 늘푸른나무는 한 번 만든 잎이 2년간 붙어 있고, 그 잎이 지기 전에 새잎은 나오지 않을까? 아니다. 해마다 새잎이 나서 2년 전에 난 잎이 떨어져도 우리 눈에는 늘 푸르게 보인다.

늘푸른나무는 왜 이런 작전을 쓸까? 겨울에도 광합성을 하기 위해서다. 나무가 겨울에 얼지 않으려면 잎이 두툼하거나 잎 속에 얼지 않는 성분을 만들어야 한다. 소나무는 송진처럼 끈적이는 물질이 어는 것을 막기도 한다.

사철나무처럼 잎 표면에 광택이 나는 나무를 조엽수라고 하는데, 그 광택은 왁스층* 때문이다. 왁스층이 추운 겨울을 이겨내게 한다. 동백나무는 이런 왁스층 덕분에 소금기를 이겨내서 바닷가에 살 수 있다. 사소해 보이는 것도 다 까닭이 있다.

---

* 식물 잎이나 과실의 표피 조직 바깥에 왁스가 누적되어 형성된 표피층. 왁스 외에 큐틴과 같은 지방 물질도 섞여 있다.

089

백일홍은 정말 100일 동안 필까?

백일홍이란 이름은 꽃이 100일 동안 붉게 핀다는 뜻이다. 백일홍은 정말 100일 동안 붉은 꽃을 피울까? 백일홍이란 이름은 전설에서 유래한다.

옛날 바다에 사는 이무기에게 처녀를 제물로 바치는 바닷가 마을이 있었다. 한 사내가 그 마을을 지나가다 어느 집에서 하룻밤 신세를 지게 되고, 그 집 딸과 사랑에 빠진다. 마을에서 그 처녀를 제물로 바치기로 하자, 사내가 처녀 대신 가서 이무기를 죽이겠다고 나섰다. 사내는 처녀와 헤어지면서 자신이 이무기를 죽이면 흰 깃발을, 자신이 죽으면 붉은 깃발을 달고 오겠노라 약속했다. 사내가 떠난 지 100일 만에 배가 돌아오는데, 붉은 깃발을 달고 있었다. 붉은 깃발을 본 처녀는 사내가 죽은 줄 알고 자결했다. 이무기의 피가 깃발을 붉게 물들인 바람에 사내가 죽은 줄로 오해한 것이다. 그 뒤 처녀의 무덤에서 붉은 꽃이 피어났고, 100일 동안 붉게 피어 백일홍이라 했다는 전설이다.

동서양 여러 나라에 있는 용 살해 설화는 수메르의 길가메시, 헤라클레스 등 수많은 사내가 용을 때려잡고 영웅이 되는 패턴이다. 사내가 조금만 세심했다면 처녀의 죽음은 막았을 텐데….

이 전설에 나오는 백일홍이 배롱나무다. 이름이 같은 여러해살이풀은 우리나라에 들어온 지 얼마 되지 않는 외래종이라, 전설의 주인공으로 볼 수 없다.

그렇다면 배롱나무는 정말 100일 동안 꽃이 필까? 실제로 날짜를 세어보니 약 110일간 꽃이 피었다. 하지만 같은 꽃이 100일 동안 피는 건 아니고, 그 꽃이 지고 새로운 꽃이 피고 지기를 100일간 계속한다. 무궁화도 이와 같다.

배롱나무는 왜 순서를 달리하며 오랜 시간 꽃을 피울까? 한꺼번에 화려하게 꽃을 피우고 일순간 지는 벚나무와 무엇이 다를까? 꽃의 모양이나 색깔, 생태 등 모든 전략은 꽃가루받이가 잘되게 하기 위함이다. 꽃이 오래 피면 왜 꽃가루받이가 잘될까? 곤충이 오랜 시간 찾아오기 때문이다. 벚나무가 할인 행사를 하는 마트라면, 배롱나무는 동네 작은 가게인 셈이다. 조금이라도 매일 팔아서 결국에 많이 파는 것이 목적이다. 어느 쪽을 택하는지는 식물이 정한다. 오랜 경험으로 자기에게 어떤 방식이 맞는지 알아낸 것이다. 자연을 관찰하면 대부분 이렇다. 생김새와 살아가는 방식이 모두 다르지만, 결국 그것이 자기에게 맞는 삶이다.

진짜 보리수는 어떤 나무일까?

석가모니가 보리수 아래에서 깨달음을 얻었다고 한다. 절에 가면
보리수라는 푯말이 붙은 나무를 흔히 만날 수 있다. 그런데 열매
꼭지가 길고 빨간 열매가 달리는, 모양이 좀 다른 보리수도 있다.
지금 말한 세 보리수는 모두 다른 나무다.

　먼저 석가모니가 깨달음을 얻은 보리수는 인도무화과 중에 한

종류인 인도보리수로, 학명이 *Ficus religiosa*다. *ficus*는 '무화과', *religiosa*는 '종교적'이란 뜻이다. 석가모니가 깨달음을 얻었으니 이런 학명이 생긴 것도 이해는 된다. 산스크리트어로 아슈바타 (Aśvattha) 혹은 피팔라(Pippala)라고 한다는데, 정확한 뜻은 모르 겠다. 다만 거기서 깨달음을 얻었다고 산스크리트어 '보디'에 나 무 수(樹)를 합해 '보디수'라 하고, 그것을 중국에서 소리 나는 대 로 적으니 '보제수(菩堤樹)'가 됐다. 우리는 보리수라고 부른다.

　우리나라에서는 그 나무가 자라기 어려우니, 절에 보리수를 닮은 보리자나무를 심고 보리수라 부른다. 잎이 하트 모양이라 서로 꽤 닮았다. 수목원 온실에서 인도보리수를 봤는데, 잎끝이 꼬리처럼 길어 하트 모양이라고 하기 어렵다. 비슷한 나무를 찾기 어려워서 보리자나무를 보리수로 삼은 듯하다. 보리자나무와 구분하기 어려운 찰피나무도 있다. 잎 가장자리 톱니 길이가 다르다는데, 분류학을 전문적으로 공부한 사람이 아니면 구분하기 어렵다. 슈베르트의 가곡 '보리수' 역시 찰피나무를 말한다. 독일어로 '린덴바움'이다.

우리가 먹는 빨간 열매가 달리는 보리수는 씨앗이 보리를 닮았다고 해서 붙은 이름이다. 내 고향에서는 '파리똥'이라고 부른다. 열매와 꽃, 가지에 점점이 파리똥처럼 박혀서 그렇게 부르나 했는데, 보리와 연관이 있다니 받아들일 수밖에. 보리수 열매보다 크고 타원형 열매를 단 것은 뜰보리수다. 주택가나 공원 등에서 자주 눈에 띈다. 인도보리수, 보리자나무가 속한 피나무 종류, 우리가 먹는 빨간 열매가 달리는 보리수까지 크게 세 가지 보리수가 있는데, 이름만 같지 저마다 생김새와 품은 이야기가 다르다.

091

귤 씨를 심으면 정말 탱자가 날까?

귤화위지(橘化爲枳)라는 한자성어가 있다. '귤이 회수를 건너면 탱자가 된다'는 말로, 심는 지역에 따라 귤이 탱자가 되듯이 사람도 환경에 따라 달라진다는 뜻이다. 이 말 때문에 많은 사람이 정말 귤 씨를 심으면 탱자가 난다거나 감 씨를 심으면 고욤이 난다고 한다. 사실과 다르다. 귤 씨를 심으면 귤이 나고 감 씨를 심으면 감이 나지, 탱자나 고욤이 나지 않는다.

　대신 돌귤, 돌감이 난다. 우리가 먹는 귤이나 감은 좋은 품종을 얻고자 접붙여 키운 것인데, 씨앗을 심으면 원래 재래종 열매가 열린다. 과수는 오랜 시간 접붙이기를 반복하며 품종을 개량해왔다.

　산에서 고욤나무를 만나면 누군가 감을 먹고 씨를 뱉어서 고욤나무가 난 것이라고 말하는 이가 많은데, 그렇지 않다. 감나무를 베면 맹아지가 돋는데, 고욤나무가 나온다. 그러니 감 씨를 심으면 고욤나무가 나는 이치와 같다고 하는데, 역시 그렇지 않다. 산에 난 고욤나무는 고욤 씨가 떨어져서 자랐을 수도 있고, 원래 감나무였으나 위 줄기가 죽었거나 누군가 벤 다음 맹아지가 돋아서 고욤나무로 자란 것이다. 무슨 말이냐고? 감나무를 심을 때 고욤나무에 감나무를 접붙인다. 그러니 위 줄기가 죽으면 아래는 고욤나무니까 고욤이 난다.

　귤나무도 마찬가지다. 탱자나무를 밑나무(대목)로 사용한다. 왜 탱자나무나 고욤나무를 밑나무로 사용할까? 강하기 때문이다. 야생종이라 야생에서 강하게 자란다. 강한 나무를 기본으로 하고 귤나무나 감나무를 접붙이니 건강하게 잘 자라는 것이다. 좋은 품종으로 개량할 시간도 절약된다.

　여행하다가 탱자나무를 만나면 반갑다. 대부분 귤나무의 아랫부분이 되어 새콤달콤한 귤을 만드는 데 사용되지만, 원래 모습으로 자기답게 사는 모습이 보기 좋다.

진달래꽃 안쪽에 점은 왜 있을까?

진달래꽃을 자세히 보면 꽃 안쪽에 점이 있다. 철쭉과 참나리도 꽃에 점이 선명하다. 생각보다 많은 꽃에 얼룩이나 점이 있다. 우리 눈에는 잘 보이지 않아도 자외선으로 보면 꽃 중에 반 이상이 이런 무늬가 있다고 한다.

꽃에 왜 무늬가 있을까? 이 무늬를 영어로 honey guide, nectar guide라고 한다. 우리말로는 '꿀 안내'라고 하는데, 어감이 조금 어색하다. 일본에서는 밀표(蜜表)라고 한다. 우리는 '벌 안내'라고 한다는데, 밀문(蜜紋) 혹은 '꿀 무늬' '꿀 점'으로 하면 어떨까?

이 무늬는 곤충에게 '여기 꿀 있다'고 알려주는 표시다. 벌이 날아다니면서 꿀이 있는 꽃을 냄새로 파악하겠지만, 시각적으로도 표시해주면 훨씬 찾기 수월하고, 같은 거리라면 표시된 곳에 날아갈 확률이 높다. 꽃은 그런 점을 이용해서 벌이 보기 좋게 꿀이 있는 지점을 표시해주는 것이다.

왜 이런 수고를 할까? 꽃가루받이 확률을 높이기 위해서다. 진달래는 향과 시각적 효과 가운데 후자를 선택했다. 자연의 많은 생명체는 어떤 전략이 생존과 번식에 유리한지 저마다 수지 타산을 생각해야 한다. 진달래도 나름대로 수지 타산을 생각해서 내린 결정일 것이다. 자연은 손해 보는 일은 하지 않는다.

093

칡은 정말 나쁜 식물일까?

산책하다 보면 칡을 만난다. 숲을 관리하는 사람이나 자연에 관심이 많은 사람은 칡을 제거하는데, 칡이 옆에 있는 나무를 감고 올라가 물관과 체관을 목 조르듯 해서 결국 그 나무를 죽게 한다는 이유다.

칡은 식물이니 당연히 광합성을 하고, 그러려면 햇빛이 필요하다. 햇빛을 받기 위해 위로 가야 하는데, 혼자 힘으로는 어렵다. 덩굴식물이라 옆에 감고 올라갈 것이 있어야 한다. 독립영양을 하는 것이 식물의 미덕인데, 다른 생명체를 괴롭히며 사는 셈이니 좋아 보이지 않는 모양이다. 칡이 풀이고, 나무를 감고 올라가면 그 차별이 옳지 않아도 이해는 간다. 하지만 칡도 똑같은 나무고, 숲에서 번성하며 광합성을 많이 한다. 다른 동물의 먹이나 은신처가 되어 생태적인 숲을 만드는 데 일조한다. 특히 칡은 콩과 식물이라 뿌리혹박테리아와 공생하며 땅속에 질소를 고정한다. 숲속 토양을 거름지게 한다는 의미다.

이렇듯 좋은 점이 많은데 둘 중에 칡을 제거하는 쪽을 택하는 것은, 칡이 나무가 아니라거나 칡은 건축재로 사용되지 않으니 쓸모없는 나무라는 생각 때문일 것이다. 우리는 앞서 말한 장점 외에도 칡의 도움을 오래 받아왔다. 뿌리를 먹고, 줄기는 밧줄 대용으로 쓰고, 종이나 망건 등 다양한 일상 용품을 만드는 데 칡을 사용했다. 지금은 플라스틱으로 대체돼 칡이 설 자리가 없어졌다.

요즘도 TV를 보면 깊은 숲에 들어가서 허벅지보다 굵은 칡뿌리를 캐고는 "150년쯤 된 것입니다"라고 자랑스럽게 말하는 사람이 있다. 물론 150년 된 칡이 아니겠지만, 그렇다고 해도 150년 된 나무뿌리를 쉽게 캐낼 수 있나? 150년 된 소나무나 참나무도 그리 쉽게 벨 수 있을까? 아무리 좋게 생각하려고 해도 칡을 함부로 하는 사람을 보면 마음이 아프다.

숲속 토양이 황폐할 때, 칡이 먼저 들어와 토양을 건강하게 만들었다. 지금 칡이 감고 올라가는 나무도 칡이 건강하게 만든 땅에 와서 사는 것이다. 어쩌면 그 나무는 자신들이 살기 좋게 먼저 와서 고생한 칡의 고마움을 알지도 모르겠다. 그래서 칡이 타고 올라가도 가만히 희생하는 게 아닐까?

094

담쟁이덩굴이 건물을 무너뜨릴까?

건물 벽을 타고 올라가는 담쟁이덩굴을 보면 건물에 피해가 있을 거라고 걱정하는 사람이 많다. 그렇지 않다. 제주도에 가면 돌담이 정겨운데, 언뜻 봐도 엉성하다. 왜 그런지 물으니, 돌 틈으로 바람이 지나가라고 그렇게 쌓는단다. 바람이 강한 바닷가라 담이 넘어갈 수 있다는 것이다. 아이비 같은 덩굴식물을 심는 것도 돌을 잡아주기 때문이다.

담쟁이덩굴도 비슷하다. 담쟁이덩굴 뿌리가 건물이나 담의 벽돌 틈으로 파고들지 않는다. 오히려 건물을 튼튼하게 해준다. 줄기에서 나온 개구리 발 같은 뿌리 끝에 동그란 부분으로 벽에 붙어 기어오른다. 보기 싫다는 이도 있는데, 개인 취향일 뿐이다. 담쟁이덩굴이 올라간 건물을 멋스럽게 생각하는 사람이 많다.

가로수를 네모나게 가지치기하거나, 낙엽을 송풍기로 날리며 청소하거나, 조금만 자라도 싹둑 잘라버려야 깔끔하고 이쁘다고 생각하는 사람이 많은 모양이다. 국민총생산(GNP)만 높다고 선진국이 되지 않는다. 국민의 의식이 성장해야 한다. 공공질서나 인권 등 다양한 부분에서 의식이 성장해야 한다. 최근에는 반려동물을 위한 법도 제정되는데, 식물에 대해선 아직 한참 후진국이다. 자연과 자연스럽게 어울려 살아가는 데서 편안함과 아름다움을 찾는 사람이 많아지면 좋겠다.

095

가시나무에는 가시가 없는데
왜 가시나무라고 할까?

가시나무는 참나무과로, 뾰족하게 찌르는 가시와 무관하다. 몇 년 전에는 새잎이 나는 모습이 가시 같아서 붙은 이름이라고 했는데 그렇지 않다. 왕이 행차할 때 쓰는 깃발을 묶는 가서봉을 만드는 나무라, 가서나무에서 가시나무가 됐다고도 한다. 가시나무는 제주도를 비롯한 남쪽 지방에서 주로 자라며, 제주도에서는 가시나무 열매를 도토리 대신 '가시'라고 부른다. 종류도 붉가시나무, 종가시나무, 개가시나무 등 여러 가지다.

신기하게 일본에서도 가시나무라고 한다. 우리말 가시가 건너가 일본어 가시(樫)가 됐다는데, 반대로 생각할 수도 있지 않을까? 일본어 가시는 참나무 종류인 떡갈나무를 이르는 말이다. 시라가시, 아까가시, 아라가시 등 앞에 여러 수식어를 붙여서 다양한 참나무를 나타낸다. 일본에서 참나무 종류를 가시라 부르고, 그것이 제주도로 전해져서 가시나무가 됐을 수도 있다. 왜 어떤 것의 기원이 무조건 우리나라고 나중에 일본으로 건너갔으리라 생각할까? 그쪽에서 왔을 수도 있지 않나?

요즘 일본어가 우리말에 많이 사용된다. 와사비, 오뎅, 찌라시, 간지 등 일제강점기 잔재가 아니라도 젊은이들이 쓰는 일본어가 많다. 아름다운 우리말이 있는데 굳이 외국어를 쓰는 것은 지양해야겠지만, 언어가 한쪽으로만 흘러가지 않는다. 가서나무에서 가시나무가 된 것 같다는 의견도 추측이다. 제주에서 도토리를 가시라고 하는 것은 가시나무의 열매니까 가시라고 부르지, 가시라는 열매가 달리니 가시나무라 했다고 말하기 어렵다. 아직 어디에도 정확한 기록이 없으니 열린 마음으로 다양한 사고를 받아들이고 접근하는 태도가 바람직하다.

고로쇠나무는 수액을 빼 먹어도
죽지 않을까?

수액은 뭘까? 물관에서 나올까, 체관에서 나올까? 나무에서 양분의 통로는 체관이지만, 봄을 준비하며 아래에서 올리는 것은 물관을 통한다고 봐야 한다. 신기하게 고로쇠나무 수액은 겨울에만 빼 먹고, 3월이면 단맛이 사라져서 먹지 않는다. 수액은 계속 생기니 1년 내내 빼 먹어도 될 것 같은데, 어느 시기가 지나면 단맛이 사라진다.

왜 그럴까? 지난해 양분을 뿌리에 저장했다가 새로 물을 올릴 때 그 양분도 함께 올린다. 가지와 눈에 양분을 보내서 한 해를 시작할 수 있게 하는 것으로, 그 수액 일부를 우리가 먹는다. 그러니 시기가 지나면 저장한 양분이 사라지고 물만 올라가 맛이 없는 것이다.

수액을 빼 먹어도 나무에 피해가 가지 않을까? 아무래도 빼 먹지 않는 것보다 피해는 간다. 그래서 나무 지름에 따라 뚫는 구멍 개수(지름 30cm 1개)와 관의 지름(1.5~2cm)을 정해서 피해를 최소화하고, 어기면 벌금을 물린다. 고로쇠나무 수액을 채취해도 그해 고로쇠나무가 생장하고 꽃 피우고 열매 맺는 데 지장은 없어 보인다. 채취하지 않는 게 제일 좋지만, 적은 양은 크게 무리가 되지 않는 모양이다.

흑싸리라는 나무가 있을까?

화투는 일본 전래 놀이인데, 어느새 우리 나름의 방식으로 놀이
가 바뀌었다. 화투에는 계절을 상징하는 12가지 식물이 나온다.
1월은 소나무, 2월은 매화, 3월은 벚꽃… 이런 식이다. 그중에 까
만 이파리가 달린 나무 옆으로 새가 날아가는 화투짝을 흑싸리라
고 한다. 7월에 있는 싸리와 비슷해서 흑싸리라고 하는 것 같다.

하지만 싸리 종류에 흑싸리는 없다. 4월
을 상징하는 화투짝 흑싸리는 등나무다.
11월을 상징하는 화투짝(일명 '똥')은 오동
나무, 12월을 상징하는 화투짝(일명 '비')
은 버드나무다.

　화투 이야기는 이 정도로 마치고, 싸리
에 대한 오해를 짚고 넘어가자. 부석사나
마곡사, 화엄사처럼 유명한 절집 기둥을
싸리로 만들었다는 말이 있다. 식물학자야 큰키나무와 떨기나무
를 구분하니 이런 말을 할 리 없지만, 그렇게 아는 사람이 생각보
다 많다. 싸리는 떨기나무라 작고 가늘다. 시간이 지나면 크고 굵
어지지만, 아무리 굵어도 건물의 기둥을 만들 정도는 아니다. 조
사해보면 느티나무인 경우가 많다. 이쯤에서 싸리라고 오해한 원
인을 유추할 수 있다. 느티나무는 사리함을 만들 때 사용해 '사리
나무'라고도 한다. 발음이 비슷해 싸리로 오해한 것 같다.

　그렇다고 싸리의 가치가 없는 건 아니다. 많은 일상 용품에 싸
리를 사용했다. 멋진 건물의 기둥도 좋지만, 내 손에 닿는 곳에서
만나는 바구니여도 괜찮다. 싸리는 절대로 느티나무를 부러워하
지 않을 것이다. 작고 가늘게 사는 게 자신의 삶이니까.

098

느티나무는 왜 마을 어귀에
많이 심었을까?

우리나라 노거수 중 반 이상이 느티나무다. 마을 어귀에 심은 당산나무나 정자나무는 대부분 느티나무다. 죽은 나무나 노거수 대열에 끼지 못하는 것까지 생각하면 당산나무로 사용하는 느티나무가 상당하다. 이외에 팽나무, 은행나무, 왕버들 등 크고 오래 사는 나무를 마을 어귀에 심는다. 사람들은 왜 이런 나무를 마을 어귀에 심었을까? 수명이 길기 때문이다. 이곳에 터를 잡고 살기로 했으니, 마을이 자손만대 사라지지 않고 번성하길 바랐을 것이다. 반대로 수령이 꽤 된 나무 곁에 마을을 이뤘을 수도 있다.

느티나무는 괴목이라고 한다. 나무 목 옆에 귀신 귀가 붙은 괴(槐)는 중국에서 회화나무를, 우리나라에서 느티나무를 뜻한다. '귀신 쫓는 나무' '귀신이 깃들어 사는 나무'라는 뜻일 수도 있지만, 오랜 세월을 살아남으니 나무 스스로 귀신이 된 것일 수도 있다. 한편 귀신 귀는 지혜롭다는 의미가 있으니 '지혜로운 나무'일 수도 있다. 나무는 오랜 세월 인간의 생로병사를 수없이 보고 살면서 누구보다 현명해지지 않았을까? 그 나무 아래서 풍파를 견디고 쌓은 지혜를 얻고 싶은 마음이 귀신 귀를 붙인 의도인지 모르겠다.

옆으로 퍼져서 만든 그늘에 한여름 주민들이 모여 장기 두고 낮잠 자며 놀이터와 쉼터, 소통의 장이 됐을 수 있다. 넉넉하게 품어주는 맛이 느티나무만 한 게 있을까? 그런 여유를 배우고 다시 베푸는 덕을 갖추기 위함일 수도 있겠다. 느티나무는 여러모로 우리와 함께하기에 충분한 듯하다.

무화과나무는 꽃이 없을까?

무화과(無花果)는 '꽃이 없는 열매'라는 뜻이다. 하지만 무화과나무도 꽃이 있다. 무화과를 자르면 안에 불그스레하고 몽글몽글한 게 들었다. 그 부분이 꽃이다. 물론 꽃가루받이한 꽃이니 열매라고도 할 수 있다. 꽃이 드러나지 않으니 사람들이 꽃이 없다고 생각해서 무화과라고 불렀다.

꽃가루나 꿀을 낭비하지 않으려고 꽃을 숨긴 것은 이해되지만, 누군가 찾아와서 꽃가루받이해줘야 번식하고 생명을 이어갈 수 있다. 무화과나무가 지구에 출현한 시기를 8000만~9000만 년 전으로 본다. 누군가 그때부터 꽃가루받이해줬다는 이야기인데, 그 생명체는 누구일까? 말벌과에 속하는 무화과좀벌이다.

무화과나무와 무화과좀벌의 이야기는 자연에 관심 있는 사람이라면 들어봤을 것이다. 꽤 복잡하면서도 신비한 이야기다. 무화과나무 종류도 아주 많다. 아담과 하와가 선악과를 먹고 나서 무화과나무 잎으로 몸을 가렸고, 부처가 깨달음을 얻은 보리수나 캄보디아의 오래된 건축물을 감싸듯이 자라는 나무도 무화과나무 종류다. 침팬지나 오랑우탄이 먹는 열매도 대부분 무화과 종류다. 제주도에 있는 천선과나무나 모람도 무화과나무 종류다.

다양한 무화과나무에 모두 다른 무화과좀벌이 찾아온다. 우리가 아는 말벌과 달리 크기가 1.5mm 정도로 작다. 이렇게 작은 벌도 무화과 안으로 들어가긴 어렵다. 무화과좀벌 암컷은 무화과에 난 조그만 구멍(ostiole)으로 들어간다. 이때 좁은 구멍을 통과하느라 날개와 더듬이가 떨어져, 들어갈 순 있지만 나오긴 어렵다. 그곳에 알을 낳고 죽는다. 이후 그 알에서 수벌과 암벌이 나오고, 수벌은 짝짓기 한 다음 그냥 죽거나 열매의 구멍을 넓히고 죽는다. 암벌은 수벌이 넓힌 구멍으로 나가서 다른 꽃에 들어가 꽃가루받이해준다.

이제 무화과를 먹을 때 무화과좀벌 사체가 나오지 않을까 걱정될 수도 있겠다. 현재 우리가 먹는 무화과는 벌의 도움 없이 제꽃가루받이 하는 종이기 때문에 벌의 사체는 신경 쓰지 않아도 된다. 혹여 벌이 안에 있더라도 무화과가 분비하는 물질이 곤충의 사체를 분해한다고 한다. 우리는 알게 모르게 과일이나 채소와 함께 생각보다 많은 곤충을 먹으니, 특별히 걱정할 부분은 아니다.

무화과나무에도 꽃이 있다는 것, 작은 생명체가 복잡한 꽃가루받이 단계를 거치고 그것을 1억 년 가까이 유지해왔다는 점이 신기하다. 자연을 공부할수록 세상은 아주 작은 존재에 의해 건강하게 굴러가고 있다는 것을 깨닫는다.

손기정 선수가 가져온 월계수는
월계수가 아니다?

서울역 근처 만리동에 손기정기념관이 있다. 손기정 선수의 모교인 양정고등학교(당시 양정고등보통학교)가 있던 자리다. 이곳에 손기정 선수가 1936년 베를린올림픽 마라톤에서 우승하고 받은 월계수가 있다.

고대올림픽에서는 전통적으로 우승자에게 월계관을 씌워줬다. 월계수 잎으로 만든 월계관은 명예와 영광의 상징이다. 이 월계수는 감람나무라 하고, 올리브나무를 말한다. 하지만 근대 이후 지역을 옮겨가며 개최한 올림픽에서는 올리브나무로 만든 월계관을 씌워주기 어려워, 개최국의 특산 나무로 월계관을 만들었다. 베를린에서 열렸으니 독일의 특산 나무인 독일참나무 잎으로 월계관을 엮었다. 혹자는 당시 월계관을 루브라참나무 잎으로 엮었다고도 한다.

하지만 지금 손기정기념관에 있는 월계수는 올리브나무도, 독일참나무도, 루브라참나무도 아니라 대왕참나무다. 히틀러가 미국이 원산인 대왕참나무를 상으로 줬을 리 없다. 손기정 선수가 한 달이 넘게 걸려 고국에 돌아오는 동안 화분이 바뀌었거나, 이후 양정고등학교에 기증할 때 김교신 선생님이 자택에서 한 달간 그 화분을 길렀다가 심었는데 그 기간에 바뀌었을 수 있다는 의견을 제시하는 이가 많다. 당시 대왕참나무는 국내에 들어오지 않았다. 그렇다면 어떻게 된 일일까?

대왕참나무나 루브라참나무나 독일참나무는 어릴 때 잎이 비슷하다가 자라면서 저마다 특색을 찾아간다. 당시 선수들에게 나눠주는 화분을 어느 양묘장에서 가져왔을 테고, 그 안에 참나무

종이 섞여 있다가 대왕참나무 묘목 화분이 손기정 선수에게 갔다는 의견이 제일 타당하다.

심은 지 40여 년이 지난 1982년에야 월계수가 아니라 대왕참나무임이 밝혀졌다는 사실이 중요하다. 한라산 높이도 일제강점기에 일본인들이 잰 것(1950m)을 최근에야 다시 재서 1947m임을 알았다.

우리나라는 자연과학에 대한 관심과 연구가 턱없이 부족하다. 요즘 인문학이 유행이라지만 자연과학이 빠진 인문학은 사상누각과 다를 바 없다.